福建好家風

中共福建省纪律检查委员会
中共福建省委文明办
福建省妇女联合会
编

海峡出版发行集团
THE STRAITS PUBLISHING & DISTRIBUTING GROUP
福建人民出版社

图书在版编目（CIP）数据

福建好家风/中共福建省纪律检查委员会，中共福建省委文明办，福建省妇女联合会编. --福州：福建人民出版社，2018.8（2019.11重印）
ISBN 978-7-211-07648-2

Ⅰ.①福… Ⅱ.①中… ②中… ③福… Ⅲ.①家庭道德一福建 Ⅳ.①B823.1

中国版本图书馆CIP数据核字（2017）第107026号

福建好家风
FUJIAN HAO JIAFENG

中共福建省纪律检查委员会
中共福建省委文明办 **编**
福建省妇女联合会
策划编辑：于荣生 郑翠云 宋一明
责任编辑：郑翠云
出版发行：福建人民出版社 **电 话：**0591-87533169、0591-87623913
网 址：http://www.fjpph.com **电子邮箱：**fjpph7211@126.com
地 址：福州市东水路76号 **邮 编：**350001
经 销：福建新华发行（集团）有限责任公司
印 刷：福州德安彩色印刷有限公司
地 址：福州市金山浦上工业区B区42幢 **邮 编：**350007
开 本：787毫米×1092毫米 1/16
印 张：14.5
字 数：194千字
版 次：2018年8月第1版 2019年11月第3次印刷
书 号：ISBN 978-7-211-07648-2
定 价：42.00元

序

家风是一个充满中国传统文化气息的词语，看似抽象，在日常生活中却时时能感受到它的存在。晋代潘岳《家风诗》“义方既训，家道颖颖。岂敢荒宁，一日三省”，清晰地描述了家风是通过长辈的言传身教，还有见诸文字的家规、家训等，并由后辈身体力行来传承的。在家风传承过程中，最重要的在于践行，只有言必信、行必果，才能让家风真正地传承下去，而中华文化的精髓也正是在这样的传承中得以延续和发展。

中国传统文化特别重视家庭，不仅因为家是人伦之本，也因为家作为社会的基本构成单元，其有序和谐对于整个社会的稳定发展具有重要意义。家风是一种潜在的、无形的力量，对一个人的影响是潜移默化、全方位的，比如性格、习惯、世界观、人生观、价值观等。可以说，有什么样的家风，就会有什么样的人，而有什么样的人，就会形成什么样的社会。

如今，家庭问题已成为社会关注的热点。习近平总书记高度重视家风的传承与弘扬，他指出：“不论时代发生多大变化，不论生活格局发生多大变化，我们都要重视家庭建设，注重家庭、注重家教、注重家风。”这一重要论述，深刻阐述了国家发展和家庭建设的辩证关系。

福建素有“海滨邹鲁”的美誉，在历史长河中，人才辈出，留下了大量关于家风的美谈。本书选取福建历代39位名人的家风故事，如宋代朱熹“佩韦遵考训，晦木谨师传”，明代黄道周“以天下苍生易兄弟子孙之乐”，清代林则徐“苟利国家生死以，岂因祸福避趋之”，这些道德榜样和良好家风，具有很强的精神感召力。特别是近现代以来，福建涌现出了大批民主革命志士，他们敢为天下先，勇于开拓，舍生取义，是时代的骄子，所体现出的家风富有鲜明的革命精神，足以启迪后人。党的领导干部谷文昌、廖俊波，他们的家风更处处体现了党的优良传统和时代精神，是信仰的力量，是对党的忠诚，是人格的魅力，值得大书特书。

《福建好家风》即将付梓，希望这本书对传承好家风起到催化剂的作用，推动千千万万个家庭良好家风的建设，汇聚成良好的社会风气。更希望广大党员干部，特别是党员领导干部，把家风建设摆到更加突出的位置，走前头、做表率，深刻认识传承良好家风的意义并致力于此，以好家风促进好作风，以好作风涵养党风政风，为“再上新台阶、建设新福建”营造风清气正的良好氛围，为实现中华民族伟大复兴的中国梦贡献智慧和力量。

目录

俞大猷是明代的抗倭名将，一生戎马倥偬却不释笔墨，有儒将之称。他教育子女首先要立德做人，读书也是为了更好地做人。

黄道周是明代大儒、抗清志士，也是著名的大孝子。他孝敬父母，悌于兄长，以忠孝教育子女，一生行事，无论于己于人，皆依《孝经》大义而行。身处乱世，在忠与孝之间，黄道周做出了独特的诠释，并以生命践行孝道，书就了一个大写的“孝”字。

安溪湖头李氏为当地望族，也曾一度中落，但凭着家族子孙们的努力，又重新兴旺起来。是什么样的精神支撑并长久地滋养着这个家族？身为一代名臣的李光地作为从这个家族走出来的典型代表，他的治家理念或有许多可借鉴之处。

作为清朝后期政治家、思想家和诗人，作为中华民族抵御外侮过程中伟大的民族英雄，林则徐书写下“苟利国家生死以，岂因祸福避趋之”的人生志向，展现出“海纳百川，有容乃大；壁立千仞，无欲则刚”的宽广胸怀，在中国历史上留下了浓墨重彩的一笔。

陈宝琛是一代帝师，在他极其复杂的人生中，风风雨雨，不变的是本色。所谓真金百炼，不改其色，螺江陈氏的家风，在他身上得到充分彰显。

黄奕住聪明肯干，勤劳多思，虽历经苦难却磨炼了意志，虽漂泊不居却拓宽了视野。他为商重情义守信誉，为人不忘本讲道义，具有极强的人格魅力。重教育、重公益、重传承的风气在代际流转，成就了一个不平凡的家庭。

陈嘉庚是一位伟大的爱国者、著名的实业家和教育家，一生为民族复兴、国家富强奋斗不息、鞠躬尽瘁，被毛泽东誉为“华侨旗帜，民族光辉”。他的后代也在不断地传承“嘉庚家风”，热心公益，造福社会。

林旭父母早丧，赖叔父林际平抚养成人，而他也是厚感其恩，不仅将林际平视如生父，对族中诸弟亦照顾有加。他和妻子沈鹊应之间的伉俪之情感人至深，其早前往来书信、诗词浓情蜜意，而林旭身丧后沈氏作的悼亡诗更是催人泪下。两人本是深宅大院一对璧人，奈何于乱世化作啼血双鸳鸯。

王荷波是中国工人运动的先驱、中国共产党早期领导人之一。1927年10月，王荷波遭到叛徒出卖，11月在北京英勇就义。临难前，他仅有一个请求，那就是请党组织对他的子女加强革命教育。“绝不能走与我相反的道路!”他的遗言，掷地有声，响彻九霄。

林觉民，一位超越了时代的青年，一位以全中国人民的幸福为己任的热血男儿。他为了理想和信念，为了令当时如睡狮的中国觉醒，牺牲了自己的性命。他的所作所为，震撼了整个社会，他留下的那一封《与妻书》，传为千古绝唱。

许地山出生于台湾台南的一个爱国志士家庭。他的父亲和两位兄长都曾亲身投入到抗日保台的战斗中。从小沐浴在爱国主义的家风庭训中，许地山的心里充满着浓浓的爱国主义精神和对民生疾苦的深切关怀。无论为学、为文，还是为人，他都像一颗泥土里平凡的“落花生”，饱含着热爱国家的赤诚之心，并传递给他的后人。

傅连暲将军是中国人民解放军医疗卫生事业的创始人之一，为我国医疗卫生事业的建设做出了突出的贡献。他救死扶伤，严于律己，要求家人不仅不能因其领导身份搞特殊化，还应处处起模范作用。其优良的家风值得赞扬和学习。

乐观、淳朴、开明、坦荡的家风造就了一个“两脚踏东西文化，一心评宇宙文章”的林语堂。他负笈欧美，耐守清贫，潜心向学；他爱国爱民，对反动政府不仅口诛笔伐，还上阵对抗；他创办幽默杂志，提倡幽默文学，文风闲适风趣，独抒性灵，别具一格，领一时风骚。

从五四运动走向创建苏区，从留洋的知识分子转变成为植根农村大地的革命者，告别军旅投身祖国的经济建设，每一次面对陌生、每一次走向成熟，无不是邓子恢在朴素的生活中追求真理、在自立中超越未知的尝试。而这份宝贵的精神财富，通过家庭的言传身教，依然鲜活地流传在他的后人之中。

郑振铎自觉承担起自己“文化人”的角色，在战争期间保护国家的文化遗产。他很支持国家的文化事业，将自己毕生收藏的珍贵图书献给国家，这种无私的、散发着文人“书香气”的可贵精神必将传承下去。

冰心生活的年代，横跨整个20世纪。她的作品陪伴了整整四代读者。她的爱点亮了喜欢她的读者心中的明灯——“有了爱，就有了一切”。

张钰哲一生仰头望天，探索深邃的太空，建设、发展中国天文事业。他用自己一生的实践向孩子们传递着坚韧、担当、奉献和爱的品格与人格魅力。

林徽因生活在一个开明的官宦之家，从小打下扎实的文学功底，辅以父亲学贯中西的影响，拥有了开阔的眼界、高尚的追求和终生献身事业的志向。纵使环境多难，她依然以民族情感、经典熏陶和美的追求精心哺育下一代。

郭化若是我军杰出的军事理论家，其关于《孙子兵法》的研究享誉中外，被称作“一代儒将”。他出身书香世家，深受门风濡染，精于书法，诗文皆通，青年时投笔从戎，“上马杀敌，下马草檄”。他明理好学，重情重义，对革命矢志不渝，传统家风与现代革命精神在他身上结合得恰到好处。

刘亚楼的儿子刘煜滨毕业于著名的中国人民解放军军事工程学院，毕业后想加入空军。按照正常的招兵要求是完全可以的。当时，刘亚楼的部下也都支持。但刘亚楼就是不同意。他说出了一句至今让我们很是震撼的话：老子在空军，儿子再到空军，空军是我们家开的吗？这不是场面上的话，而是发自刘亚楼的肺腑、充分显示他胸怀的一句话。

卢嘉锡出国留学时，正值抗日战争时期，深感祖国之危难。他怀抱“科学救国”的热望，学成后毅然回国。面对艰难困苦，他始终坚持自己的信念。为发展祖国的科学教育事业，他艰苦创业，探赜索隐，殚精竭虑。他没有豪言壮语，但后辈却从他的一言一行中感受到了他的精神伟力。

项南是一位领改革开放风气之先的风云人物。他谋大局，高瞻远瞩；理政事，勤政爱民。他家的风气民主开放，母亲坚强柔韧，自己勤俭清廉，夫妇同心。古语云：修身，齐家，治国，平天下。以小见大，见微知著，从他对自己、对家人的一言一行，我们就可以窥见这位改革先锋的风采，了解项家的家风。

她顽强乐观，生病卧床四年，凭借顽强的毅力，战胜了病魔；她积极进取，以读书为毕生乐趣，无时无刻不在吸收知识；她开明宽容，耕耘杏坛，培养学生无数；她严格而民主，教育儿子注重学识与动手能力并重。兼容并包，容纳东西，正是这种民主而宽厚的家风，滋养了谢家几代子孙。

作为当代著名的数学家，陈景润成就非凡。作为一名父亲，他的做法值得现代家长深思和借鉴：他尊重孩子个性，认为文艺家、政治家、科学家都靠个性的发展才获得成功；他精心呵护孩子的好奇心和求知欲；他用信心、决心和恒心鼓励孩子上进。

习近平总书记指出，廖俊波同志任职期间，牢记党的嘱托，尽心尽责，带领当地干部群众扑下身子、苦干实干，以实际行动体现了对党忠诚、心系群众、忘我工作、无私奉献的优秀品质，无愧于“全国优秀县委书记”的称号。广大党员、干部要向廖俊波同志学习，不忘初心、扎实工作、廉洁奉公，身体力行把党的方针政策落实到基层和群众中去，真心实意为人民造福。

蔡襄

以忠报国，以孝化人

蔡襄是一个忠孝之人——他忠心为国、为民，无论是在朝廷任职还是在地方上当官，他都“一身藏正气，两袖重清风”；而对自己的长辈，他又非常孝顺，事亲之道为人称赞。他的精神得自父辈的教诲，又以自己的行动感染、影响了身边的亲人。

蔡襄（1012—1067年），字君谟，福建仙游人。北宋著名政治家、书法家，天圣八年（1030年）进士，官至端明殿学士。蔡襄为官刚直敢谏，谥“忠惠”。蔡襄在担任泉州地方官时，主持建造了万安桥（后改称洛阳桥），是中国现存最早的跨海石桥。擅书法，与苏轼、黄庭坚、米芾并称“宋四家”。所制小龙团茶闻名一时，有《茶录》行世。

独蔡君谟书天资既高，积学深至，心手相应，变态无穷，遂为本朝第一。然行书最胜，小楷次之，草书又次之……又尝出意作飞白，自言有翔龙舞凤之势，识者不以为过。

自苏子美死后，遂觉笔法中绝。近年君谟独步当世，然谦让不肯主盟。

这两段话，说的都是同一个人——蔡襄（字君谟），赞的都是他的书法艺术。事实上，蔡襄不仅书法艺术备受推崇，还以为人忠厚、为官清廉及其光辉人格，成为世人表率。

皇祐二年（1050年），蔡襄从外地重新回京任官。仁宗皇帝令他书写《孝经》。书成之后，皇帝大喜，御笔大书“君谟”二字赐给蔡襄，并且称赞道：“有子如此，其母之贤可知。”这是当朝皇帝对他的极大赞誉。而后，仁宗皇帝还下诏，赐冠帔给在京的蔡母卢节，后又封“长安郡太君”，旌表蔡襄一家的门风。那么，蔡襄一家代代相传的是什么品质呢？

蔡襄曾经写过一篇家训——《论忠孝》，开篇这样写道：“事父母之道曰孝，天之性也；事君上之道曰忠，人之义也。犹耳目心腹，有身则有之，非外物也……”这里，蔡襄很明显地表达出了“忠孝”之意。现实中，我们可以看到，很多人轻易就能提出一个理念，但到生活中却不能践行。然而，蔡襄不同，他是“思想的巨人”，亦是“行动的巨人”。

蔡襄的孝顺是出了名的。他秉持了我国传统的孝道，认真侍奉母亲。他事亲之至诚，令人感动。蔡襄成婚后，一度把母亲接到官舍同住，但父亲在家，他怕父亲感到孤独，请求回家乡就职。父亲去世不久，蔡襄再次受命任职福州，他担心母亲在相同的环境里过于思念父亲，损伤身体，便上书请求改任他职。

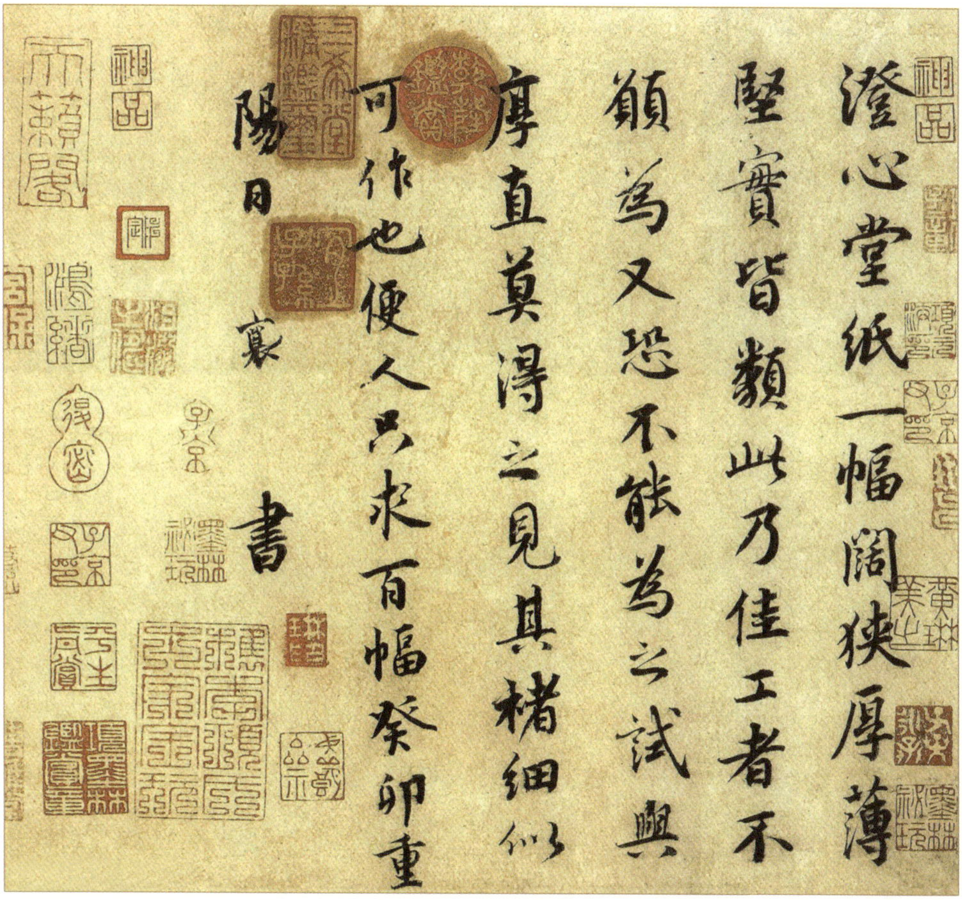

蔡襄《澄心堂纸》帖

蔡襄不单注重一个“孝”字，更遵从“一身藏正气，两袖重清风”的为官之道，力求公正清廉，恪尽职守。他秉持正气，力挺范仲淹，乞罢宰相吕夷简；提议在御史台置言谏御史，让御史兼言谏之职，为台谏合一开了先河；在地方上任职，他“广植树”“兴水利”“建大桥”“减税赈灾”……一系列做法让人看到了蔡襄的尽忠、为民。

蔡襄督造的洛阳桥

其实，说起来，蔡襄的“忠孝”“民本”等思想，是他所受的教育和家庭影响的自然结果。蔡襄的外祖父叫卢仁。据记载，卢仁性格仁善，庄重自持，待人以礼，从不说粗俗谑浪之语。他也很重视对子孙后代的教育。蔡襄五六岁就跟着卢仁读书识字。这一段经历潜在地影响了蔡襄的为人之道。可以说，他学到了外祖父卢仁的做人风骨。

蔡襄的母亲卢节也是一个品行卓越的人。史书称赞她性格和善、宽厚仁爱、勤俭节约。她侍奉自己的公婆就像对待自己的父母一样，她“事长慈幼，既勤且俭”，“久而宗族和，乡党化”。这种安谧而又勤奋的家庭氛围，为蔡襄兄弟专心攻读创造了良好的条件，也潜移默化地

蔡襄少年时曾读书于虎岩寺

影响了他们。

有一个卢节教导子女的故事说，蔡襄的家门前有一棵松树，卢节常以眼前的松树作为例子，教育蔡襄兄弟：青松不畏寒，在腊月凛风中还兀自挺拔，这是一种高风亮节；以后你们如果担任一官半职，要记住一定要有风骨，为国为民，尽忠尽职，养成高尚的品格，不能有半点作恶之心。

蔡襄成人之后，确实记住了长辈的教导。从他拒绝为温成皇后书写碑文一事就可见一斑。温成皇后即张贵妃，她生前备受仁宗宠爱，去世后，仁宗悲悼不已。有一班臣子为了迎合皇帝，提出追封张贵妃为皇后、为其立庙等许多不合礼法的建议，遭到蔡襄等人的反对。为了维护礼法，蔡襄拒绝书写碑文，不怕触犯最高统治者。

蔡襄做人、做事的风格也影响到蔡家一门老少、亲戚故眷。

蔡襄的胞弟叫作蔡高。他一直以来都受兄长的影响，为官勤政爱民、清正廉洁。庆历元年（1041年），京师发生瘟疫。蔡高不幸染上病疫，死于任上。“其妻程氏，一男二女皆幼。县之人哀其贫，以钱二百千为其赙。程氏泣曰：‘吾家素以廉为吏，不可以此污吾夫。’拒而不受。”蔡高如此中正，其妻有如此见识，实在古来少有。

蔡襄有一个儿子叫蔡旬。他婚娶之时，不尚铺张，将婚礼办得很简朴。这一点，正是得到了蔡襄的“真传”。蔡襄为官之时，曾经写过《福州五戒文》《戒山头斋会碑》《教民十六事碑》等，提倡整饬吏治，力戒婚丧习俗的奢靡浪费。在其倡导下，地方颓俗为之一变。等到蔡旬娶妻之时，自然也受到蔡襄的影响。当时的人们对蔡旬的做法很是佩服，一直称善。

蔡襄还有一个曾孙蔡洸。他为官时时感念民生艰辛，一生清廉，即使官至户部尚书，也没有多少积蓄。根据历史记载，蔡洸卸任回乡时，两袖清风，连回家的盘缠都没有，只得将朝廷赐给的银马鞍典卖了才有路资回去。这样的清廉，是蔡家一门世代相续的。

蔡家良好家风的例子不胜枚举。蔡襄承先人的风骨，又启后辈的风气。蔡襄过世之后，后人谨守家训，并以此为荣，代代传承。

家风评述

我国传统思想对官员的期待是“忠孝两全”。很多人都无法践行。但是，蔡襄是一个“特殊”的人，他是对国家、民族负责任的典范，同时又是事亲治家的榜样。这是他的光辉人格所带来的人生高度。

杨时

倡道东南，理学家风

杨时是宋代著名的理学家、教育家。“程门立雪”的典故激励了一代又一代的学子和杨氏后人。他对家庭的教育，更体现了特有的理学家风。

杨时（1053—1135年），字中立，学者称龟山先生，福建将乐人。宋熙宁九年（1076年）进士，曾任工部侍郎，拜龙图阁直学士。师从理学家程颢、程颐兄弟，为“程门四大弟子”之一。杨时南归时，程颢目送之曰：“吾道南矣。”杨时倡道东南，被尊为“程氏正宗”“闽学鼻祖”。著有《龟山集》。

仇英《程门立雪图》

雪寒侍立传佳话

杨时29岁时，同游酢一道拜程颢为师，与吕大临、谢良佐并称“程门四大弟子”。元丰八年（1085年），程颢去世。其时杨时与游酢均已登进士第，为了深入研究理学，二人又一同前往洛阳拜程颢之弟程颐为师。此时杨时与游酢的学问已相当高，但他们仍谦虚谨慎，尊师敬友，深得程颐的喜爱。

这年的严冬，杨时遇到一个不明白的问题，就和游酢一起向程颐请教。当他们来到程颐家时，恰巧程颐正在瞑坐，两人唯恐打扰了先生的休息，又不愿失去一次学习的机会，只好侍立一旁，不言不动，恭恭敬敬。程颐既觉，见二人侍立，说："贤辈尚在此乎，日既晚，且休矣。"时值隆冬，大雪飞扬，二人出门时，地上积雪已有一尺。这就是著名的"程门立雪"的故事。如果不是信道笃诚，能够如此吗？这个故事所体现的杨时尊师重教、笃诚尚学的精神，迄今仍被杨氏后人作为家风传承下来，奉为圭臬，激励了一代又一代的学子。

读书贵在立志　俭以养德

杨时有五个儿子，全都荣登科甲，这与他教育有方有极大的关联。杨时教子十分注重引导孩子树立远大的志向，他为长子取名迪，字遵道。杨迪开蒙读书后，杨时经常跟他讲圣贤的故事。一日杨时问儿子："我给你取名迪，字遵道，你知道是什么意思吗？"杨迪说："迪，就是开导的意思；遵道，就遵循孔孟之道嘛。"杨时听了点点头说："我给你取字'遵道'，不仅要你继承孔孟之道，也希望你传承和弘扬二程理学。总之，你要效法圣贤，幼而学，壮而行，做一个于国于民有用的人。"杨迪听从父亲的教诲，饱读诗书，立志成为经世济国之才，后来考中进士，官至奉议郎。

杨时提倡"俭以养德"的家风，要孩子们以节俭来培养自己高尚的道德。一次家里吃午饭，小儿子杨造看见饭桌上的青菜豆腐，就放下筷子不想吃。杨时把杨造叫到跟前，问他："古圣贤是如何对待吃住的？你能把那句话背出来吗？"杨造嗫嚅道："君子食无求饱，居无求安，敏于事而慎于言，就有道而正焉，可谓好学也已。"杨时说："你能背出来，很不错，可是你有没有照着去做呢？你不是吃不饱饭，而是嫌没肉吃，跟君子相比，是不是差了一大截呀？"接着杨时又给孩子们讲了孔子闻《韶》乐三月不知肉味的故事，继而对杨造说："你才几天没吃肉，怎么就耐不住了呢？"杨造听了低着头，大口大口地吃起饭来。杨时又把家里人召集在一起，立了条家规：三餐饭蔬，不论脆甘酸苦，只要是可以吃的，就不可有所偏好。衣服鞋帽，不论布料粗细，只要合

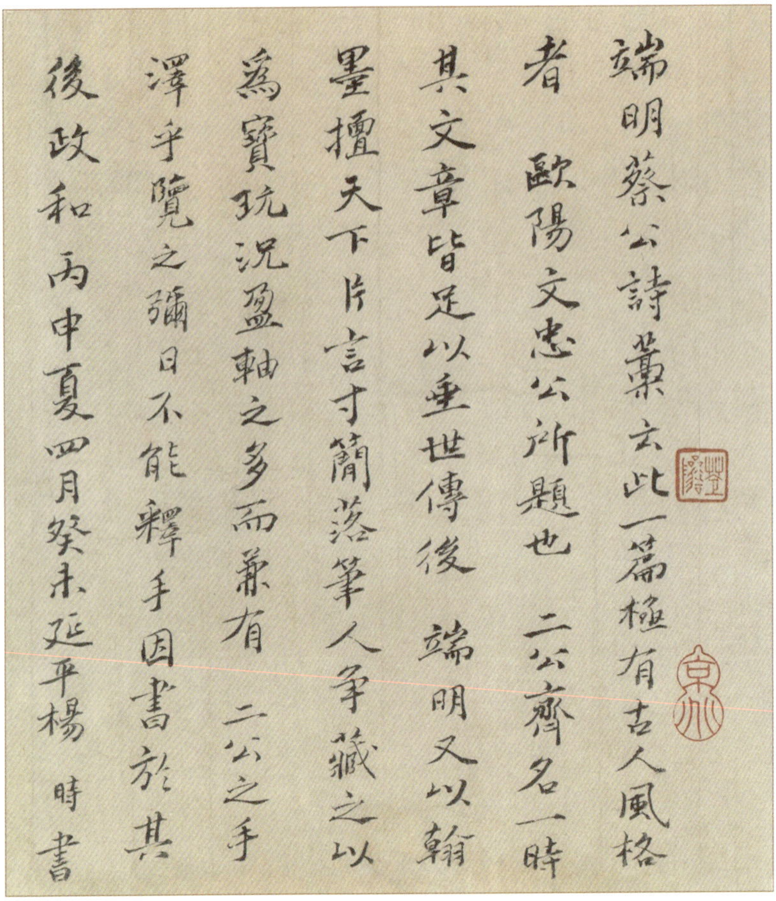

杨时手迹

身，就不许挑挑拣拣。所处房屋，尽管简陋，只要还能居住，就应安居乐业，不要羡慕别人雕梁画栋。故山田园，先祖遗留，应该守其世业，不可增营地产，侵犯他人利益。

杨时这一义方之训，日后为儿孙所遵循，世世相传。

打破的是水缸，捡到的是金子

杨时对孩子在言行举止方面犯的错误基本上采取引导说理的方法，也不忘对孩子一些值得肯定的行为进行及时的表扬，使其朝自信健康的方向发展。

一次，四子杨适与哥哥在一起玩耍时不小心撞破了一个水缸，吓得赶紧躲开。当杨时询问时，杨适心中害怕，不承认是自己撞破的。于是杨时也不再逼问，他对孩子们讲了一个故事：孔子有个叫子张的学生，他问孔子怎样做事才能处处行得通。孔子说，说话忠诚老实，行为坚定恭敬，即使在边远国家，做事也行得通。说话不忠实诚信，行为不坚定恭敬，就是在本乡本土，也行不通。只有时时记住“忠信笃敬”这四字，才能让自己到处行得通。于是子张就将孔子教导的这几个字写在衣带上。衣带旧称“绅”，这就是历史上“书诸绅”的故事。杨时讲完故事后，对儿子说：“现在你们照孔子的话想想，自己的言语忠信吗？行为笃敬吗？”杨适听后含泪向父亲承认了错误。杨时并没有责备他，反而高兴地说：“孩子，你打破的是水缸，捡到的是金子啊！”

杨时的五个儿子个个成才，孙子也多有高中进士者，曾有人赞扬他比《三字经》上讲的窦燕山还更胜一筹。

家风评述

杨时的“理学家风”启示我们要崇德、尚学、修身、俭约，不管时代如何变迁，这种启示永远不会过时。

朱熹

家风如泉，源远流长

朱熹为闽学代表人物、理学集大成者，他也因此被世人尊称为朱子。朱熹既是我国历史上著名的思想家，又是一位著名的教育家。而朱熹所取得的这些成就都离不开父亲朱松和几位老师的谆谆教诲。秉承先辈教诲的朱熹也为后人留下了丰厚的精神遗产。

朱熹（1130—1200年），字元晦，一字仲晦，号晦庵。祖籍徽州婺源（今属江西），出生于福建尤溪，南宋著名思想家、哲学家、教育家。朱熹从事教育五十多年，重视书院建设，广注典籍，著有《四书章句集注》《周易本义》等。朱熹集理学之大成，他的思想和理论对中国社会有着深远影响，被尊称为朱子。

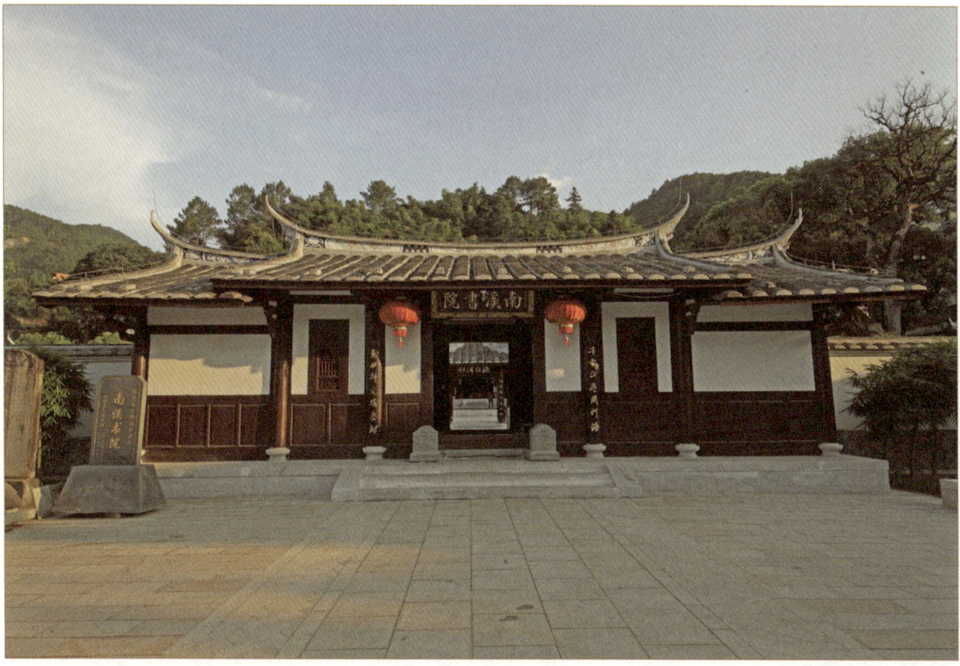

朱熹出生地——南溪书院

“半亩方塘一鉴开，天光云影共徘徊。问渠那得清如许？为有源头活水来。”提起朱熹，立马会想到他留下的这首脍炙人口、家喻户晓的《观书有感》名诗。他书读得好，学问好。可是，很少人想到，他家庭治理得也好，正所谓：家风如泉，源远流长。

佩韦遵考训，晦木谨师传

朱熹出身于儒学世家，他父亲朱松为北宋末理学家。朱松受“二程理学”的影响颇大，他对儿子的教育十分严格，从小就按照儒家成圣称贤的目标去培养朱熹。朱松在朱熹五岁时曾写过一首《送五二郎读书诗》：“夜寝灯迟灭，晨兴发早梳。……成家全赖汝，逝此莫踌躇。”记述的就是他对朱熹打小就严格要求并寄予厚望的情境。

朱熹后来在《答江元适》中就谈到父亲对自己治学历程的影响：“熹天资鲁钝，自幼记问言语不能及人，以先君子之余诲，颇知有意于

考亭书院

为己之学。”句中的“为己之学”指的是儒家学说。在这样的家风影响之下，朱熹很早就开始勤奋地攻读《论语》《孟子》等儒家经典：“某十数岁时，读《孟子》言‘圣人与我同类者’，喜不可言”，树立了远大志向。后来，他还以此高要求来教育自己的学生“凡人须以圣人为己任”。

不幸的是，朱松过早病逝，未能亲见自己的儿子成才。不过朱松与当时著名的“武夷三先生”——胡宪、刘勉之、刘子翚等交往甚密，他们之前就常常集会并讲习切磋。所以朱松在临终前把儿子托付给朋友们照顾，并叮嘱朱熹要拜三位先生为师，告诫他说此三子“其学皆有渊源，吾所敬畏。吾即死，汝往父事之，而唯其言之听，则吾死不恨矣”。朱熹也确实遵从了父亲的遗训，通过三位先生循循善诱的精心教导和自己孜孜不倦的学习，他很快成长为一个学识渊博的仕子。

绍兴十八年（1148年），朱熹考中进士，并于不久后被派任泉州同安县主簿，就此开始了他的仕途生涯。在赴任途中，他去拜见了著名理学家程颐的三传弟子李侗，并就理学问题向其讨教，二人相谈甚欢。绍兴三十年，已届而立之年的朱熹决心拜李侗为师。为了表示自己求学的诚意，他决定向先儒游酢、杨时学习，由崇安步行几百里到延平拜师。朱熹的这位老师对他思想历程影响颇深，他自己回忆这段求学经历时就说：“李先生为人简重，却是不甚会说，只教看圣贤言语。某遂将那禅来权倚阁起。意中道，禅亦自在，且将圣人书来读。读来读去，一日复一日，觉得圣贤言语渐渐有味。却回头看释氏之说，渐渐破绽，罅漏百出！”虽然李侗不善言辞，但学问确是很深的，他知道朱熹当时醉心于佛禅之道，也不多加劝阻，只是让他多读儒家圣贤之书，而正是在被李侗教导的过程当中，朱熹的思想逐渐转向儒学。

“佩韦遵考训，晦木谨师传。”这是朱熹在建阳考亭书院书斋里的一对楹联，而这两句也分别代表朱子的父亲和老师对他的叮嘱。其中上联“韦”指熟牛皮，其性柔韧，古时性急者常“佩韦”以自警。朱熹之父朱松自号“韦斋”，即取“佩韦”之意。下联的“晦”是为了谨记其师教导。朱熹老师刘子翚曾为他取字“元晦”，取义于“木晦于根，春容晔敷；人晦于身，神明内腴”，希望他成为一个道德内蓄、涵养深沉之人。朱熹晚年曾陷入“庆元党禁”案，不仅自己的学说被人恶意攻击，甚至自身安全都得不到保障，所以他才会有“佩韦”“晦木”之思，以此来警诫自己，也是借以缅怀先父尊师往日的谆谆教诲。

师孟轲易子而教，遗家训千古流芳

朱熹有三个儿子，其中朱塾作为长子自然被寄予更多的期望。不仅如此，朱熹也认为此儿“自幼开爽，不类常儿”，似乎有超乎常人之处，也是“意甚望之”。所以作为大教育家的朱熹自然对长子的培养倾注苦心，除了日常亲自施教外，还从自己的门生里面挑选品学兼优者来加强对朱塾的训导。

事与愿违，朱塾的成长并不如他父亲所设想的那么顺利。虽然朱熹自己身为大教育家，远近前来求学拜师的学子纷沓不绝，也培养出如黄榦、陈淳、蔡元定等优秀的弟子，但在对自己儿子的教育方面却是颇为苦恼。朱熹在与好友吕祖谦的通信中就抱怨“此儿……既不知学，又不能随分刻苦作举子文”，说朱塾在家不能勤奋学习，沾染了懒散的劣习。

朱熹想起孟子所主张的“易子而教”的教育方法，最终决定将朱塾送到远在浙江的大儒吕祖谦门下学习。一如他在写给儿子朱塾的信中解释的：“盖汝若好学，在家足可读书作文、讲明义理，不待远离膝下、千里从师。汝既不能如此，即是自不好学，已无可望之理。然今遣汝者，恐汝在家汩于俗务，不得专意。又父子之间，不欲昼夜督责，及无朋友闻见，故令汝一行。”朱熹还在信中千万叮咛，希望朱塾在吕祖谦那里首先要尊师如父，其次便是要努力奋发、勤谨学习，改掉过去懒散习气，并用《诗经》当中“夙兴夜寐，无忝尔所生”的诗句来加以劝勉。

《朱子家训》全文

朱熹作为我国古代著名的教育家，无论是对家庭教育还是社会层面的书院教育都十分重视。《朱氏家谱》载有他为后代写的《朱子家训》，虽然只有寥寥三百余字，却全面阐述了为人立身处世的行为准则。

《朱子家训》中对良好家庭关系的治理提出："父之所贵者，慈也。子之所贵者，孝也。兄之所贵者，友也。弟之所贵者，恭也。夫之所贵者，和也。妇之所贵者，柔也。"而在社会人际交往中，朱熹强调要做到"慎勿谈人之短，切莫矜己之长"。朱熹在个人修身方面提出"事师长贵乎礼也，交朋友贵乎信也"，"见老者，敬之；见幼者，爱之"等准则，要做到"处世无私仇"，"勿称忿而报横逆，勿非礼而害物命"。在朱熹看来，家训中的每一条都是人应遵守的本分，就如"衣服之于身体，饮食之于口腹，不可一日无也，可不慎哉"。《朱子家训》，字字珠玑，涵盖了人们修身处世的方方面面，很值得我们去细细研读。

不论是朱熹对长子的"易子而教"，还是《朱子家训》中对子孙后代立身处世的教诲，我们都能看出他对家庭亲睦、人际和谐、重德修身等方面的重视。他不仅凭借这些精辟的论述为我们指明了一条立身行世的坦途，也以自己的实际行动为后人树立了一个优良的学习榜样。

家风评述

朱熹自幼得到父亲悉心教导，又受学于“武夷三先生”及李侗等饱学之士，他虚心向学，谨遵师诲，终成一代大儒。及至自己孩子的教育，他不仅言传身教，还教子不远千里寻访名师。父母不仅要重视自身对孩子的教育，还应善于借助他人的力量以促其成才，这对现代教育也极有启发。

张经

心怀社稷，亦怜子孙

张经是明代名臣，他弹劾权贵，平定叛乱，秉性刚直，一身正气。他尽管常年在外为臣为将，却也不忘关心自己的孩子。一句“衣裳防太薄，梨栗戒过丰”，道尽为人父而不能亲手照顾幼子的心酸。铁汉亦有柔情，人臣心怀社稷，亦怜子孙。

张经（？—1555年），福建侯官（今福州市）人，字廷彝，号半洲，是明代抗倭将领。正德十二年（1517年）进士，官至南京兵部尚书。嘉靖三十三年（1554年）奉派入浙剿倭，翌年春获后塘湾、王江泾等大捷。有《半洲诗集》传世。

客路于外心系幼子，为父不易用心良苦

张经半生戎马，中年被派往西南剿匪，晚年又在东南沿海一带抗倭。其传世诗集《半洲诗集》，又分“北寓”“南行”“西征”“东巡”四稿，稿名足可见其漂泊不定、跋履山川之艰辛，因此诗集中也不乏客路于外、愁思千里之作。幼儿十岁时妻子逝去，伤感之下他曾写下两首挂念儿子的小诗：

汝今才十岁，汝母忽云终。归路依吾弟，还家仗阿翁。衣裳防太薄，梨栗戒过

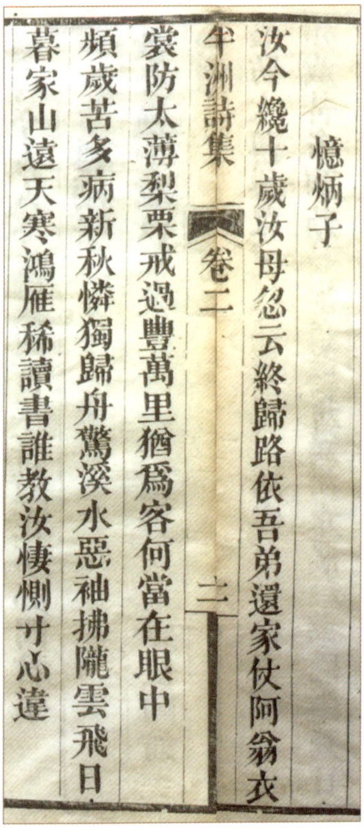
憶炳子
汝今纔十歲汝母忽云終歸路依吾弟還家仗阿翁衣
半洲詩集　卷二　二
裳防太薄梨栗戒過豐萬里猶為客何當在眼中
頻歲苦多病新秋憐獨歸舟鷺溪水惡袖拂隴雲飛日
暮家山遠天寒鴻雁稀讀書誰教汝悽惻寸心違

张经《忆炳子》诗

丰。万里犹为客，何当在眼中。

频岁苦多病，新秋怜独归。舟惊溪水恶，袖拂陇云飞。日暮家山远，天寒鸿雁稀。读书谁教汝，凄恻寸心违。

诗句朴实而情真意切，用心良苦且事无巨细：关心初丧母而辗转于亲戚家中的幼子是否吃饱穿暖，告诫其少吃零食，并且关心读书情况。虽是两首小诗，读之令人动容。

有功社稷含冤而逝，子孙申诉字字泣血

张经墓坐落在福州西郊黄店山，墓碑呈鞍形，碑面阴刻“明抗倭将领张经之墓”九字。山麓原有刻着“东南战功第一”的石坊，相传民国年间被军阀拆除。

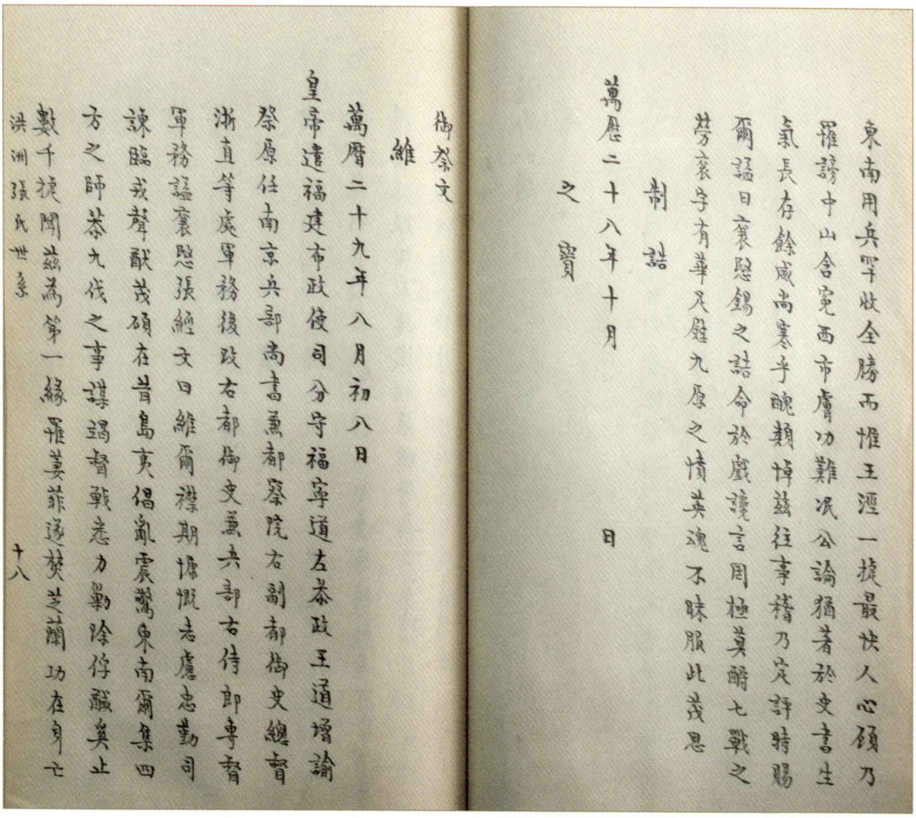
東南用兵罕收全勝而惟王涇一捷最快人心頌乃
羅謗中山含冤西市膚功難泯公論猶著於史書生
氣長存餘威尚寒乎醜類悼茲往事稽乃定評特賜
爾謚曰襄愍錫之誥命於戲讜言罔極莫酧七戰之
勞褒字有華足慰九原之憤英魂不昧服此茂恩
制誥
萬曆二十八年十月　日
之寶

御祭文
維
萬曆二十九年八月初八日
皇帝遣福建布政使司分守福寧道左參政王道增諭
祭原任南京兵部尚書兼都察院右副都御史總督
浙直等處軍務後改右都御史兼兵部右侍郎專督
軍務謚襄愍張經文曰維爾襟期慷慨志慮忠勤司
諫臨戎聲猷茂碩在昔島夷倡亂震驚東南爾集四
方之師恭九伐之事謀竭智戰悉力勦除俘馘奚止
數千捷聞茲為第一緣罹萋菲遂焚芝蘭功在身亡
洪洲張氏世系　十八

张经家族族谱——《洪洲张氏世系》

所谓“东南战功第一”，指的便是张经于嘉靖三十四年（1555年）在东南沿海一带抗倭大获全胜的故事。嘉靖三十三年，倭寇猖獗肆虐，沿海百姓民不聊生。朝廷委任张经专司剿倭。当时，抗倭战争屡遭失败，俞大猷、卢镗、汤克宽等将领均束手无策，曾经在广西一带领略过当地土兵强悍战斗力的张经，决定调两广土兵入浙江，抗击倭寇。然而，就在他调兵遣将的同时，严嵩党羽、不学无术的赵文华亦奉命来到松江一带。张经素以善战闻名，不屑与以祭祀海神做抗倭“良策”的赵文华结交，加之此前不愿党附严嵩，因此不多时便成为赵文华的眼中钉，遭其诬陷，被疏劾为“糜饷殃民，畏贼失机”。最终，张经虽接连取得后塘湾、王江泾等处大捷，获得东南沿海自倭乱以来最大的战果，却也不免锒铛入狱，成为政治斗争的牺牲品。后人为其不平，惋惜他明明有功于国家人民却反遭诬陷，在其墓壁题下“堪恨阶前无铁相，张坟何异岳家坟”之语，言其蒙受之冤屈与岳飞不相上下，是明朝的“千古奇冤”。

张经死后，他的后人屡次上奏朝廷辩冤，俞大猷也曾代张经的儿子上疏。直至隆庆初年，张经孙张懋爵再次请求为祖父平反，才为皇帝所接受，张经冤屈终于得以昭雪，被赐葬并追谥“襄愍”。后人为了缅怀这位民族英雄，在福州洪塘修建张经祠堂，保存至今。

家风评述

男儿志在四方，却也在心间存一方柔软，予妻予子。动情处自是动人，关怀之余不忘督促，教子上进。

长辈教诲，未必都是言传，身教亦可。斯人已逝，而其言行举止、事迹战绩，犹在眼前耳畔不敢忘却。一个伟大的家族，应该是一个长于记忆的家族，留下长辈的品性，让后人缅怀，让后人学习。

俞大猷

读书若不成，做人一定要成

俞大猷是明代的抗倭名将，一生戎马倥偬却不释笔墨，有儒将之称。他教育子女首先要立德做人，读书也是为了更好地做人。

俞大猷（1504—1580年），字志辅，又字逊尧，号虚江，福建晋江人。明嘉靖十四年（1535年）武进士，历任参将、总兵等职，累官都督。倭寇侵扰我国东南沿海时，他受命抵御，组织“俞家军”，转战江苏、浙江、福建、广东，连败倭寇，战功卓著，与戚继光同为抗倭名将，并称“俞龙戚虎”。《明史·俞大猷传》曰：“大猷负奇志”，“忠诚许国，老而弥笃”。能诗文，著有《正气堂集》《剑经》。

读书若不成，做人一定要成

俞大猷出生在一个没落的世袭武职家庭，从小就有志向，以豪杰自期。他在习武之前曾中过秀才，又先后师从理学家蔡清的三位学生，深谙易理。29岁时父亲去世，因家境困难，俞大猷不得不投笔从戎，袭父职为泉州卫前所百户。早年的读书习武生涯，使他具备了很高的文人素质和武人的韬略，在后来漫长军事生涯中起到了重要的作用。

俞大猷认为一个人要有志向和抱负，这点特别重要。他说：“天下事本无难，志之所趋，金石虽坚亦可入；万里之途，虽有深山穷谷之限亦可到。”他所著《正气堂集》中，无不洋溢着英迈之气。又曾说：“真丈夫处世，唯自信而已，又何穷通得失之足动于其心哉？仆之平生若不洞透此义，此身陆沉久矣。”俞大猷平生坚定的志向和对世事豁达洞明的态度，都足以垂范后世。

俞大猷虽长期在外抗击倭寇，却也不忘关心子女的教育。他特意聘请了自己的好友林竹山来教儿子读书。俞大猷认为读书重要的是饬躬励

俞大猷以楼船打击倭寇

行，步步脚踏实地，故教育儿子读书不能一意为了博取功名，而是自身要行得书上的教诲，这样才谈得上“读书”二字。俞大猷又谆谆告诫儿子：汝辈读书若不成，做人一定要成，算是不负我的期望了。又说：“其实做得人成，自然读得书成。其不肯读书，盖不知做人也。”

家风评述

世人徒责子以读书，不责子以做人，读俞大猷教子之言，真使人猛然警醒。俞大猷又说“做得人成，自然读得书成”，可见读书与做人，看似两回事，其实是一回事。

黄道周

以天下苍生易兄弟子孙之乐

黄道周是明代大儒、抗清志士，也是著名的大孝子。他孝敬父母，悌于兄长，以忠孝教育子女，一生行事，无论于己于人，皆依《孝经》大义而行。身处乱世，在忠与孝之间，黄道周做出了独特的诠释，并以生命践行孝道，书就了一个大写的“孝”字。

黄道周（1585—1646年），字幼平，号石斋，福建漳浦人。天启二年（1622年）进士。南明弘光朝任礼部尚书，后又以隆武朝武英殿大学士兼吏、兵二部尚书的身份率师抗清，兵败被杀。黄道周工书善画，敢言直谏，以文章、气节名闻天下。

焚书启蒙

黄道周出生在书香之家，他的曾祖以戆直而名闻乡里，人称“东门戆公”；祖父曾遗失百金，但仍处之泰然。祖上的懿行都是黄道周所耳熟能详的。

由于家贫，黄道周从小主要是由父母施教的。他的父亲黄季春，性情豪放，有胆有识，精研理学，还写得一手好字。少年黄道周喜欢读曹植的诗，并学着写诗。黄季春见了很不高兴，他认为曹植的诗出语乖戾，少年人学之不宜，且见黄道周架上杂书太多，一日趁黄道周外出的时候，将书架上的书全烧了。尽管家里经济不好，黄季春还是挤出日常费用从漳州买回一些性理书和朱熹的《通鉴纲目》放在儿子的书架上，他谆谆对黄道周说：“此圣贤精神，天下性命所系。”黄道周听了感愧不已，毅然将自己的诗稿烧掉。父亲是黄道周一生学术的开导者和人生的引路人。

黄道周的母亲陈氏，处贫不忧，是一个很有见识的女性。陈氏以教

黄道周自画像

邻里女子纺织度日，平日督促子女读书，一见子女懈怠，便对他们说："生既不能作圣贤，已是恨事，何况废学！"因为丈夫经常为人排解纠纷，常常有人送东西来答谢，她一概不收，不妄受人一钱。她对儿女们说："女子不纺绩，男子不读书，坐得一钱者，便是辱人贱行。"陈氏时时刻刻都在对子女们强调读书明理的重要性。

三疏三焚之下的至孝

少年时，黄道周在一次清明节同母亲谈起春秋时期介之推因不愿出山，同老母一起被烧死的故事，陈氏发表了自己的见解："在家上有双亲，出去做官上有天子，当两者不可兼顾之时，宁可全其亲。"自古忠孝本难两全，在一般情况下，亲人的生命最重要，而在特殊情况下，忠或者道义气节似乎又比亲人的生命更宝贵，这是儒家文化的一种观点。但黄道周的母亲却认为所谓的"忠"，或者是道德伦理、律令礼制，都不应该以牺牲最基本的人性关怀为代价，认为忠要在孝的基础上才有永久性，这种独特的见解深深影响了黄道周。黄道周写有一篇《介之推论》的文章，认为介之推是忠孝不全的"不祥之人"，便是推演母亲的见解而作的。

后来发生了一件事，让黄道周在忠谏与孝亲之间做了一次选择。天

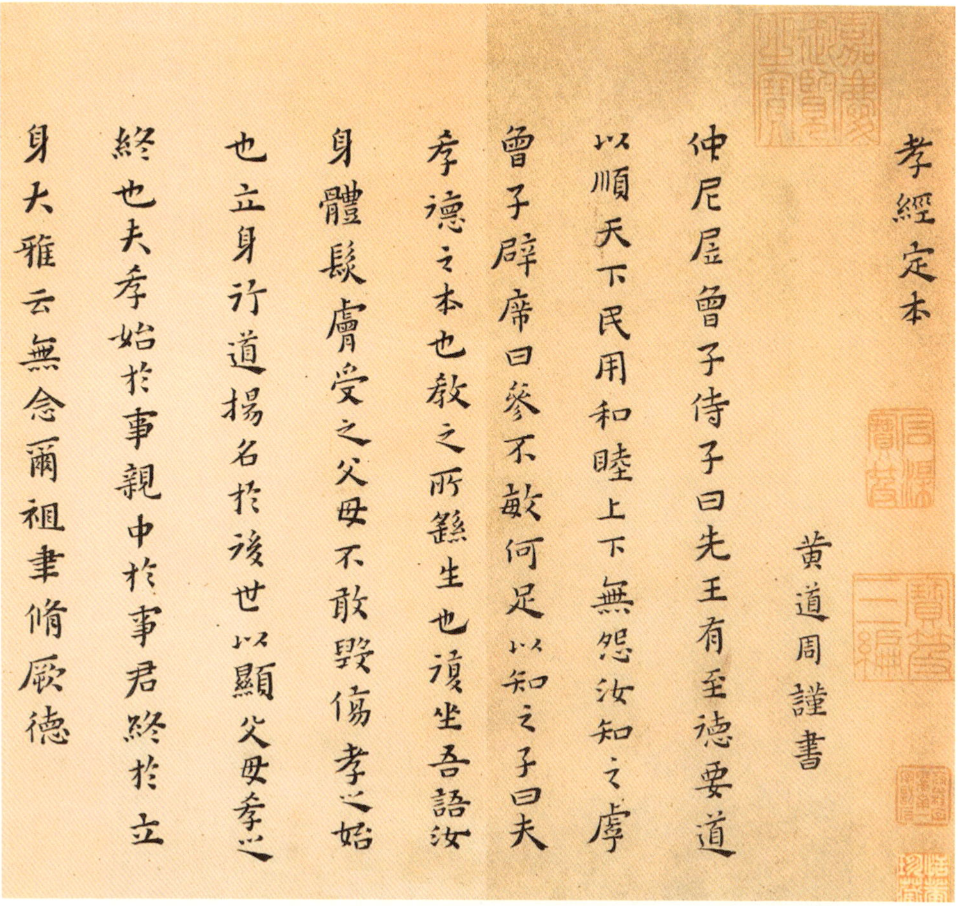

黄道周楷书《孝经定本》

启二年（1622年），黄道周与文震孟、郑鄤相约疏劾魏忠贤，揭露其乱政，文、郑二人相继上疏，结果都被贬黜了。其时黄道周因为要迎接母亲进京，有所顾忌，他几经犹豫，思前想后，将弹劾魏忠贤的奏折写三次又烧了三次，最终没将疏呈上，这便是黄道周著名的“三疏三焚”，有的朋友们因此认为他“胆怯”。

黄道周的苦衷很简单，他牢记着母亲“宁可全其亲”的教导，对于这件事，母亲也劝他远离政治旋涡，“勿为死饵事促刺”。叶向高安慰他“有母方至自万里之外，谊不得如此”。其实陈氏是深明忠孝大义的，她何尝不知儿子内心的矛盾与痛苦，在忠孝之间，她为儿子诠释了另一番境地。

黄道周对崇祯皇帝谈起这件事时说："臣以迎母且至三疏三焚，郑鄤尝以为怯，臣至今愧之。"黄道周在与兄长的家书中也讨论过事君与事亲的问题，他说："每对人言：事君易，报亲甚难。事君者一致身便了，报亲者一致身便不了。"另外在《拟论杨嗣昌不居两丧疏》中也说："古之圣人以为：忠信可学，至孝难尽。"明显将孝置于忠之上。所以当陈氏去世后，黄道周无此牵挂，他对兄长说："自母殁而后，以身许君。"后来他屡屡直谏，纠劾奸党，甚至受杖入狱，盖早已将生死置之度外了。

黄道周纪念馆

以天下苍生易兄弟子孙之乐

读黄道周的家书，可以感受到他是一个十分注重家庭的人。黄道周曾对家人说过“家中极宜恬澹，最不可投门契”，“种松理竹，哺儿弄孙，此是乾坤极大事业”之类的话，最著名的莫过于他在给兄长黄道琛家书中说的那段话：“世间乐事，唯有看子孙读书、栽花种竹耳。天下自是天下，苍生自是苍生，而必以天下苍生易兄弟子孙之乐，真为不知类者矣。”他对家庭的重视程度是显而易见的，但字里行间，黄道周也有了“知其不可而为之”的准备。那就是告诉家人：真到了危急时刻，我也要以身担当，为常人所不能为，不惜“以天下苍生易兄弟子孙之乐”。

在板荡的晚明，黄道周以一介书生，带领数千名以忠义为本的扁担兵，还有十余匹战马、不足一月的军粮，去迎击清军虎狼之师，其结局可想而知。顺治二年（1645年），黄道周兵败婺源被俘，转囚徽州的途中，写了封家书告诉家人：“为子当孝，为臣当忠，无所愧而已。”在南京狱中，有人求字，黄道周但书《孝经》数本予之。顺治三年就义之日，黄道周咬破指头，以血书留给家人十六个字：“纲常万古，节义千秋。天地知我，家人无忧。”且壮且悲，可歌可泣。

妻贤子孝　忠孝传家

黄道周一生恪守孝道，他对《孝经》的解读和力践，同时也影响了妻子和子女。黄道周中年丧妻，续娶蔡玉卿。蔡氏多才多艺，深明大义，与黄道周琴瑟和鸣，互勉共励。黄道周兵败后入狱，蔡玉卿派人送信告诉丈夫：“自古忠贞，岂烦内顾。身后之事，玉卿图之。”此数语颇有丈夫风概，英姿飒爽，非同凡响，后人有“闺阁中铁汉”之誉。

黄道周就义后，蔡玉卿携家人避入深山之中。康熙三十三年（1694年）蔡玉卿去世，弥留时，将自己所临黄道周《孝经》一册交给儿子：

“吾诸孙必有能读此者，尚其与之。”郑重其事，无疑是希望黄道周所教导的忠孝之风代代传承，这种精神命脉的薪火相传，令人感动。

黄道周对子女的教育极为重视，强调忠孝大节，强调读书。他在《示儿书》中说：“事亲当孝，事君当忠，事长当顺，处友当信，接人待物当诚敬有礼，此不待问而知也。”黄道周《孝经赞义》又云：“汝惟读书，以圣贤为师，吾愿足矣。”还教子女读好《孝经》：“劝诸儿只读《孝经》，不必更作举业也。”

黄道周长子黄麑，于顺治七年（1650年）北上金陵，访得父亲的遗骨归葬漳浦北山祖茔，并与二弟黄麈一起在北山守墓。顺治九年兄弟同死于兵难。三子黄麖早逝。四子黄麐，随母亲蔡玉卿避害入深山之中，相依为命。康熙四年（1665年）前后，黄麐委托并协助黄道周的学生洪思搜集父亲的遗作，编成《石斋十二书》，也是承先人之志、传父之学的一种孝举了。

家风评述

以天下苍生易兄弟子孙之乐，为何黄道周在明知大势已去的情况下，仍出师抗清，直至兵败？他曾说过：“吾辈顽石，捣骨合药，无补于天，犹冀后人嗅此药气耳。”为的是把忠贞志气作为遗产留给后人！几百年来，黄道周有如一颗明星，他那独特的性格、气质、遭遇，为世人所乐道，所敬仰。

李光地

智勇对敌，勤顺为人

安溪湖头李氏为当地望族，也曾一度中落，但凭着家族子孙们的努力，又重新兴旺起来。是什么样的精神支撑并长久地滋养着这个家族？身为一代名臣的李光地作为从这个家族走出来的典型代表，他的治家理念或有许多可借鉴之处。

李光地（1642—1718年），字晋卿，号厚庵，又号榕村，福建安溪人。李光地为清初理学名臣，累官至文渊阁大学士，一生政绩卓著，去世后，康熙帝曾说："知光地者莫若朕，知朕者亦莫若光地矣。"所受重视若此。

有胆识，有担当，一门忠勇

李光地十几岁时，有一年全家被贼匪掳走。李光地伯父李日爆只身访贼，请求释放李家人。贼匪为他的勇气和义气所感动，好食好酒地招待他，却坚持不放人。李日爆返家后，下令今后不吃午饭，以示与被掳亲人同饥馁，并立誓夺回亲人。第二年，李日爆招募壮丁，趁夜攀绝壁而上，从后方攻入贼营，救出了季弟及其儿子二人。后"剧斗累月，弟侄次第夺回。贼窘甚，就抚，而数县积寇皆平"。

康熙十三年（1674年），耿精忠叛乱，郑经也据守泉州，李光地侍奉他的母亲避乱于山谷间。耿精忠和郑经均派人来招降他，李光地以死固辞。李光地认为，闽省范围较小，民力已尽，清廷派来的军队需采取急攻的战略而不可拖延，否则年深日久，恐生他变。并向朝廷献计：耿精忠将主要兵力放在仙霞、杉关，郑经将主要兵力放在漳州、潮汕之界，清兵不可与他们硬碰硬，可选精兵万人佯装入广州，半道入赣州转而取道汀州小路，此处防守薄弱，可避实击虚，出奇制胜。

他将写着计策的小纸条封入蜡丸中，命家童兼程赶路进京，请人上奏康熙帝，皇帝采纳了他的意见，果然一举成功。李光地因功升为侍读学士。

康熙十七年（1678年）三月，同安蔡寅生变，劫掠安溪。李光地募乡勇百余人，扼险防御，告诫乡里人不要资助蔡寅粮食。最后，蔡寅等众因为饥饿困顿又久攻不下，遂退兵。七月，刘国轩等攻陷海澄、漳平、同安、惠安等县，围攻泉州。李光地派人泅水入城勉慰守军，并让李日燝带领乡勇百余人度石珠岭，迎将军拉哈达之兵于漳平；派他的弟弟李光垤、李光垠等带领乡兵千人度白鸽岭，迎巡抚吴兴祚之兵于永春，终将两路大军及时带至泉州，逼退刘国轩。

李光地手迹四幅

老吾老，幼吾幼，宗亲是一家

李家居于安溪湖头镇，清代属于感化里。明朝正统年间，六世祖李森率众开通湖头到泉州的水上航道，使湖头成为永春、漳平等内陆山区县通往泉州的水路必经之地，是闽南重要的交通枢纽和商品集散地，有“小泉州”之美誉。李氏家族也成了当地的“甲族大家”。但明末清初，安溪县屡遭贼匪侵扰，李家也受到了重创。直至李光地祖父这一代，才渐渐有起色。

儒家传统文化重视宗亲，认为宗族是人的根本，本固而叶茂。本族宗亲是一个利益共同体，族里的每一个人都有责任光大本族、维护本族的名誉，家族邻里应互相保护，共同培养子孙读书做官。

到李光地这一代，湖头李氏已经“十有余世，根衍枝繁，人丁众多”。李光地官至文渊阁大学士，更是李家的一根标杆。他长年居官，并不在家乡久留，但他不忘其乡，且以教育、规约族里后辈为自己的责任。

李光地讲学处——贤良祠

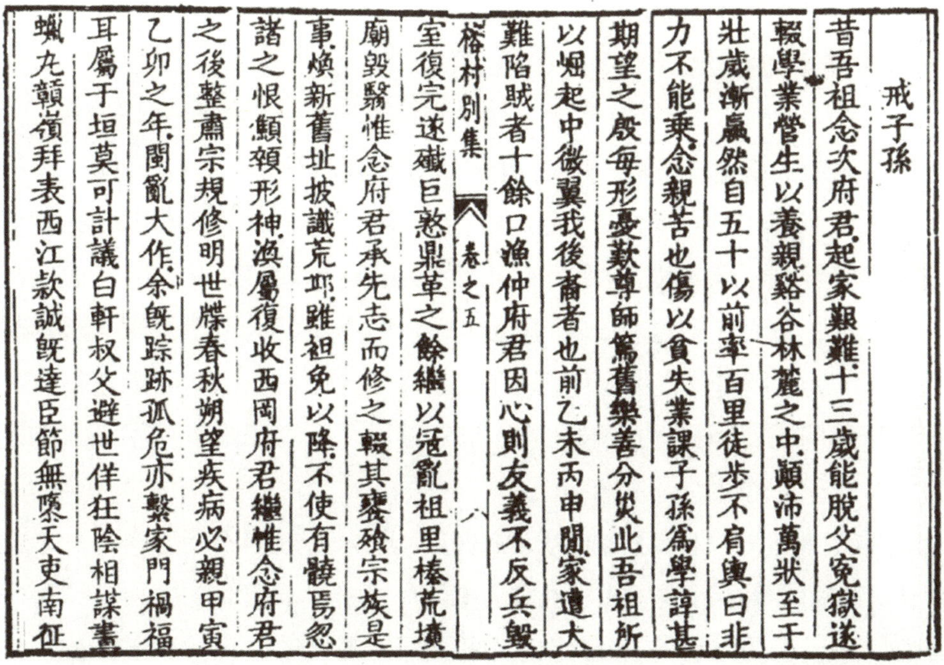

戒子孫

昔吾祖念次府君起家艱難十三歲能脫父寃獄遂輟學業營生以養親谿谷林麓之中顛沛萬狀至于壯歲漸贏然自五十以前率百里徒步不肩輿曰非力不能乘念親苦也傷以貧失業課子孫爲學諄甚期望之殷每形憂歎尊師篤舊樂善分災此吾祖所以堀起中微翼我後裔者也前乙未丙申閩家遭大難陷賊者十餘口漁仲府君因心則友義不反兵毀

榕村別集　卷之五　八

室復完遂殲巨憝鼎革之餘繼以寇亂祖里榛荒墳廟毀騷惟念府君承先志而修之輟其饔飧宗族是事煥新舊址披識荒邱雖祖免以降不使有髐骨怱諸之恨顯領形神渙屬復收西岡府君繼惟念府君之後整肅宗規修明世牒春秋朔望疾病必親甲寅乙卯之年閩亂大作余既踪跡孤危亦繫家門禍福耳屬于垣莫可計議白軒叔父避世佯狂陰相謀畫蠟丸顛嶺拜表西江款誠既達臣節無虧天吏南征

李光地《戒子孙》

李光地年近古稀时，回家省亲，他“见自家子弟及乡党间习染深重，未暇与之语上，聊为立规约数条，望其去太甚者知怀刑守法而已”。李光地有《本族公约》《戒子孙》《同里公约》《丁酉还朝临行公约》《戒家后文》等文章行世。

“老吾老，以及人之老；幼吾幼，以及人之幼。”他的眼光并没有狭隘地局限在自己的后代上，本族的后辈、甚至本乡的后辈，他都一视同仁。

他说，若把家族比作花木，不在严寒之季冲犯它则可护其根；把家族比作炉火，只要不当风扬它，则可慢慢煨着不熄灭。也就是说，为人要和顺谦卑，处事要低调收敛，不轻狂不外露，这样家族才能长久发展。他严格要求自己的子弟不能借其名行不义之事，否则，“尔不为吾惜名节，吾岂得为尔爱身命？国宪有严，亦必不尔宽也”。

李光地的几篇文章体现了理学家的宗族自治理想，守法敬业、内敛本分、克勤克俭、与人为善等传统儒家理念随着这些家风家训的践行和传播，成了当地重要的理念，滋养了一地的文化、几代的风气。

学务精熟

李光地的祖父李先春对李光地的行为和思想产生了重要影响。李先春十三岁那年，由于家庭原因，不得不中断学业，出外赚钱以奉养双亲。渐至中年，家境始有所好转。虽然长年的奔波劳累拖垮了他的身体，不过，在五十岁之前，百里之内的路程李先春从来不坐肩舆。不是因为坐不起，而是因为体谅抬肩舆人的艰辛。他对自己幼年因家贫失学感到无限惋惜，因此对子孙的学业非常重视。他对子孙寄托了深深的期望，以至于常常忧虑、叹息不止。

尊敬师长，对旧友忠诚，乐做善事，愿为人分担不幸之事——李光地认为这是他的祖父之所以能够振兴家业、崛起于微时的秘诀。“尊师笃旧，乐善分灾”，这样的美好品格值得传之久远。在他看来，读书的目的不仅仅是做官，关键还在于明理，养成“尊师乐善”的品格。

李光地的父亲李兆庆原打算走“读书做官”的路，但终未能如愿。康熙九年（1670年），李光地中进士。两代人的殷殷期望终于在李光地身上得到了实现。他也像传递火炬一样，将这种渴望读书、创造一切条件做学问的火种传递了下去。

在一封写给长子李钟伦的信中，李光地说：“汉人学务精熟，诚两字妙诀……精熟以治经为先，能治一二经作本领，然后从吾所好，则不犯程子游骑无归之病矣。”并将自己最近想裒辑各家学说，纂成一书的想法告诉他，让他先逐渐开展工作，积年便可成。

李光地在其他家书里，也多次谈及治学思想及对后辈读书做学问的殷切盼望。

正是这种对学问的尊崇和将做学问作为一辈子事业的精神，使李家根基深厚而又欣欣向荣。

家风评述

李光地作为垂范后世的一代名臣，所立下的家风家训，是家族长盛不衰的法宝，也是中华优秀传统文化的典范。斯人虽逝，其风长存。

林则徐

苟利国家生死以，岂因祸福避趋之

作为清朝后期政治家、思想家和诗人，作为中华民族抵御外侮过程中伟大的民族英雄，林则徐书写下“苟利国家生死以，岂因祸福避趋之”的人生志向，展现出“海纳百川，有容乃大；壁立千仞，无欲则刚”的宽广胸怀，在中国历史上留下了浓墨重彩的一笔。

林则徐（1785—1850年），福建侯官（今福州市）人，字元抚，又字少穆、石麟，是清代杰出政治家、思想家、民族英雄。他坚决维护国家主权和民族利益，主持了虎门销烟，震惊中外；多次粉碎了英国侵略者的武装挑衅，大快人心，表现出了坚贞不渝的爱国主义精神。他为官多年，历官十余省，清廉刚正，关心民间疾苦，为民众所称颂，有“林青天”之誉；他主持编译外国报刊，兴起学习西方技术的浪潮，被誉为近代中国“开眼看世界的第一人”；他还致力于兴修水利、赈灾救民，福泽至今。

1995年，时任中共福州市委书记的习近平出席了纪念林则徐诞辰210周年大会并发表重要讲话。他说：“今天，故乡的人民树立起林则徐铜像，就是为了激励自己，教育后人，让在林则徐身上体现出来的中华民族的伟大精神永远发扬光大。”他在福州工作时，要求“继承、发扬林则徐坚贞不渝的爱国主义精神和气贯长虹的民族正气，学习他清廉刚正的高尚风范，学习他‘开眼看世界’的开拓精神”。作为清朝后期政治家、思想家和诗人，作为中华民族抵御外侮过程中伟大的民族英雄，林则徐写下“苟利国家生死以，岂因祸福避趋之”的人生志向，展现出“海纳百川，有容乃大；壁立千仞，无欲则刚”的伟大胸怀，在中国历史上留下了浓墨重彩的一笔。

行父所冀，报效国家，成就一代伟业

林则徐一生最重要的老师，实际上就是他的父亲。从幼年到20岁，林则徐从未离开过父亲。父亲的言传身教，奠定了林则徐人生观、价值观的基础，形成了他待人接物、处事为学的基本风格。林则徐祖父是个廪生，长期漂泊在外教书谋生。由于“家口浩繁”，家境日渐拮据。到林则徐父亲林宾日手里，已是“家无一尺之地，半亩之田”。林宾日没有因贫困而丧志，他固守儒业，日夜苦读，直到由于过度用功，患了“眼疾”，才被迫放弃举业，从此“孜孜于教诲子弟、成就后学之事”。他把读书进取的梦想，寄托到下一代身上，曾写对联“粗衣淡饭好些茶，这个福老夫享了；齐家治国平天下，此等事儿曹任之”，以此勉励林则徐饱读诗书，报效国家。林则徐在父亲的精心培育下，14岁中秀才，20岁中举人，26岁中进士。

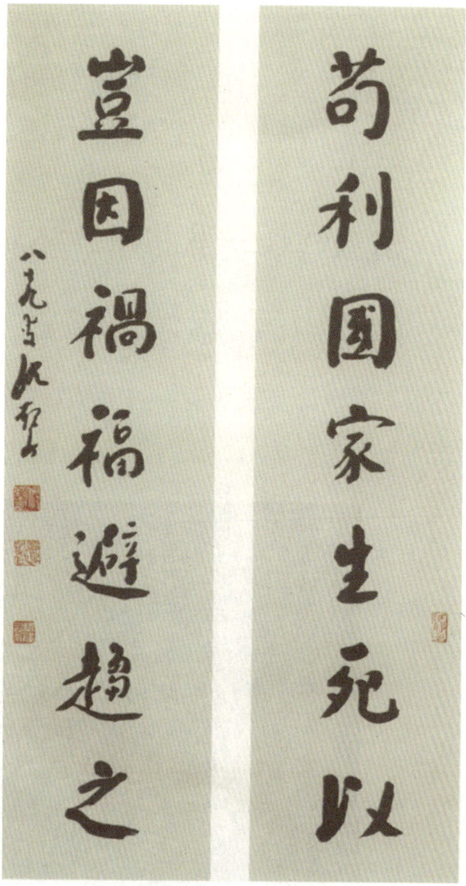

沈觐寿书林则徐联语

从乾隆后期开始，英国东印度公司大量对华输出鸦片。至道光朝，鸦片已经给中国带来严重的社会问题，还导致白银外流，造成清廷财政危机。朝野上下，禁烟呼声日益高涨。

道光皇帝任命林则徐为钦差大臣。林则徐临危受命，动身前往鸦片流入地广东禁烟。林则徐的禁烟活动遭到了洋商十三行的阻挠。他们不断拖延，拒绝在限期内上缴鸦片。林则徐的态度极为强硬：“若鸦片一日未绝，本大臣一日不回，誓与此事相始终，断无中止之理。”

终于，虎门销烟，大快民心，大大弘扬了我中华民族正气。

但1842年8月，林则徐却因这一壮举被充军遣戍伊犁。行至西安，家人已经不能再送。临别，林则徐口占诗一首以示家人，一方面以“浩荡襟怀”安慰家人“莫心哀”，同时高诵“苟利国家生死以，岂因祸福避趋之”的诗句，道尽了这位民族英雄“虽九死其犹未悔”的百折不挠精神。可以说这句话是林则徐一生的精神写照，也成了林家一脉相承的传统，更是中华民族精神气节的代表。

家族气性一脉相承，不负先辈一生教诲

林则徐得父亲悉心教养成大业，同样，他也以自己体悟出来的处世之道教育自己的孩子：“所当谨守者五：一须勤读敬师，二须孝顺奉母，三须友于爱弟，四须和睦亲戚，五须爱惜光阴。”

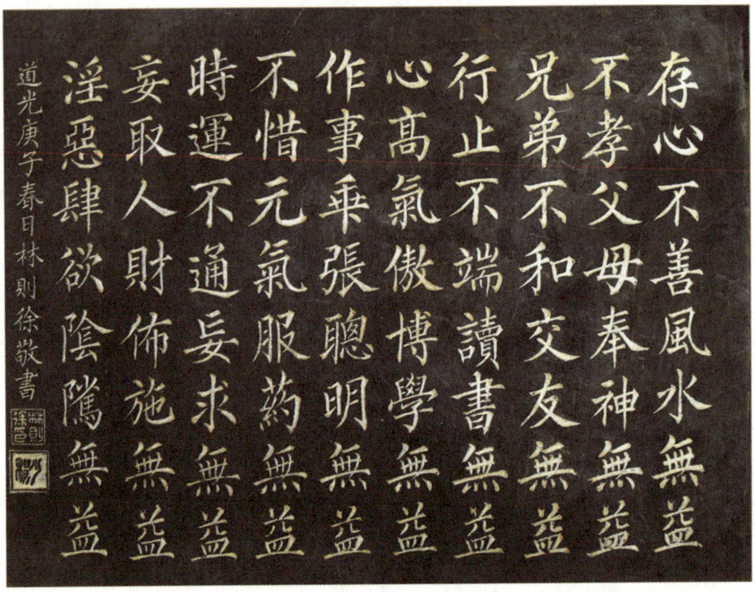
存心不善風水無益
不孝父母奉神無益
兄弟不和交友無益
行止不端讀書無益
心高氣傲博學無益
作事乖張聰明無益
不惜元氣服藥無益
時運不通妄求無益
妄取人財佈施無益
淫惡肆欲陰騭無益
道光庚子春日林則徐敬書

林则徐书“十无益”格言

林则徐强调“读书贵在用世”，即读书的目的在于为社会做出贡献。他告诫孩子既不能“只读死书而全无阅历”，也不可“阅历深，而才学薄”，要做到读书和实践并重，期望儿子既有真才实学，又能为社会多做贡献。

林则徐生前常自诵“苟利国家生死以，岂因祸福避趋之”二句。他逝世后，其子犹将此二句诗载入讣告当中。林则徐的子孙们始终以此作为座右铭，恪守祖训，传承先风。

林则徐几个儿子当中，次子林聪彝服侍父亲最久。1842年林则徐赴戍伊犁，他跟随在父亲身边。1850年林则徐赴任广西，只有林聪彝随侍。10月，宿沙溪驿馆，夜已深沉，林则徐尚伏案不眠，林聪彝屡请父亲休息，林则徐对儿子说：“你应该还记得当年我们赴戍伊犁，在冰天雪地中，尚昼夜奔驰不停，以今较昔，那又算得上什么呢？”又口诵“苟利国家生死以，岂因祸福避趋之”二句示之。

林聪彝少时即怀“经世之志”，常辑先儒格言置于座右。林则徐逝世后，左宗棠保举林聪彝为浙江衢州府知府，从此林聪彝走上仕途，也实现了自己的“经世”之愿。林聪彝居官，谨守父亲的遗训，以自策励。在任上督修海塘、石塘等工程，日与工役共劳，前后五年，抢办险工，朝夕露处，后因患重病不得不辞官回乡休养。1877年福州发大水，当局延请林聪彝治水，林聪彝不辞辛劳，日夜奔走江岸河边，相度水势，终因积劳病逝于家中，可谓“鞠躬尽瘁，死而后已”。

虎父无犬女。林则徐的次女林普晴，18岁嫁给了沈葆桢。婚后，沈葆

沈葆桢、林普晴夫妇像

桢中进士，入翰林，任广信知府。后太平天国起事，直攻江西广信府的上饶，当时沈葆桢正在为曾国藩在江西各州府筹募兵饷，只留下年轻的夫人林普晴于上饶。

城中无主帅，许多官员都收拾细软，仓皇出逃。有人劝林普晴也赶快出城避难，然后再设法与丈夫会合。林普晴却不为所动，她想，自己既是名将之后，又是知府夫人，断无临危逃窜之理。父亲的“苟利国家生死以，岂因祸福避趋之”教训言犹在耳，怎可逆而行之？为了表示心意已决，她怀印执剑立水井边道：“倘若城破，这里就是我的安身之处。”

由于平时受父亲和丈夫的熏陶，林普晴对用兵之道也略懂一二。她开府库犒军，并作血书向驻守玉山的饶廷选求援，发明新法应对敌方攻城术。后饶廷选援军与沈葆桢的军队相继到达，三队合力，终于解了上饶之围。林普晴在危难时所表现出的是镇静、坚定，示人以守土大义，这不是常人所能够做到的。有虎父必有虎女，今日读其血书中“倚剑与井为命”六字，犹虎虎有生气，令人肃然起敬。

家风评述

好家风是子女教育中的重要标尺，摸不着，却看得见，以“润物细无声”的形式，影响着一代代家族成员。林则徐本出生于一个私塾教师家庭，他的父亲并没有给林则徐留下任何钱财，却给了林则徐比金钱更可贵的东西：品性和追求。林则徐身居要位，手握重权，不忘身体力行地培育子女德行与操守。纵使时事变迁，这依然是现代家庭教育的精髓所在。

陈宝琛

风骨相承，谦恭厚道

陈宝琛是一代帝师，在他极其复杂的人生中，风风雨雨，不变的是本色。所谓真金百炼，不改其色，螺江陈氏的家风，在他身上得到充分彰显。

陈宝琛（1848—1935年），字伯潜，号弢庵，福建闽县（今福州市）人。同治七年（1868年）进士。官内阁学士兼礼部侍郎，以直言敢谏知名。被贬官回乡后，曾任福州鳌峰书院山长，投身教育，创设新式学堂，并倡办漳厦铁路。宣统初复出，授读宣统帝溥仪。工书，善画松，今辑有《沧趣楼诗文集》。

一脉相承的铮铮风骨

福州螺江陈氏自明代有人中进士后，从此书香绵延，到第十四世陈若霖起开始显达，科甲蝉联。综计明清两代，螺江陈氏出过进士21名，举人110名，其中第十七世陈宝琛曾任清逊帝溥仪的老师，声名最为显赫。如今螺江陈氏祠堂上悬挂的“进士”“六子科甲”以及“南元”“解元”诸匾，对陈家后人来说都是引以为荣的鞭策。

陈宝琛的曾祖父陈若霖，是三朝元老，官至刑部尚书，为人耿直，刚正不阿。福州民间有陈若霖斩皇子的传说，曾被改编为闽剧，此剧描绘了陈若霖不畏权贵、铁面无私的清官形象，广为人所知。

陈宝琛的祖父陈景亮是个举人，曾中道光间顺天乡试第一名，俗称“南元”。他同陈若霖一样，为官正直，秉公执法，且生就一副倔强的脾气，不畏权势，官至云南布政使。陈景亮早年任兵部职方司总办，专管武官处分。有一次，一位亲王推荐的武官因试箭不中，依例要处分，同僚暗示陈景亮这个人是亲王举荐，要从宽处理。陈景亮说：“司官只有依照定例办事，如果因为是亲王的关系而违例处理，怎么能够服众呢？”同僚们都笑他“太戆”，他说：“我心口如一，不知其他。”结果陈景亮在官员考核中没有通过，京中官场流传：“陈景亮素好倔强，得罪了王公，现在中暗箭了。”陈景亮在兵部15年一直没升迁，后来他的上司都觉得不替他补缺都不行。于是大家商量着写个专折奏请给他补缺，告诉他先自拟一篇奏稿。陈景亮表示不可，他说：“朝廷定例乃天下之公，不是为我一人而设。现在因司员一人而破例补缺，世人会以为是我钻营的结果，我何以自辩？如此我以后就难当差了。”同僚们听了称赞他：“不肯幸进，真是古人之风，难得，难得。”

陈宝琛的父亲陈承裘，自咸丰间中了进士后，没有利用先人在官场的人脉关系，而是选择淡泊仕进，居家养亲教子，所撰联语有“聪明原美质，守正方不入歧趋”，意思是聪明当用于正途，不可以钻营名利为务，从中也能看出他身上所固有的骨气与情操。

陈氏祖孙三代所具有的风骨自然也濡染了陈宝琛，使他在晚清同光间成为清流派的一名健将。陈宝琛早年敢于直谏，弹劾污吏，抨击

螺江陈氏宗祠匾额

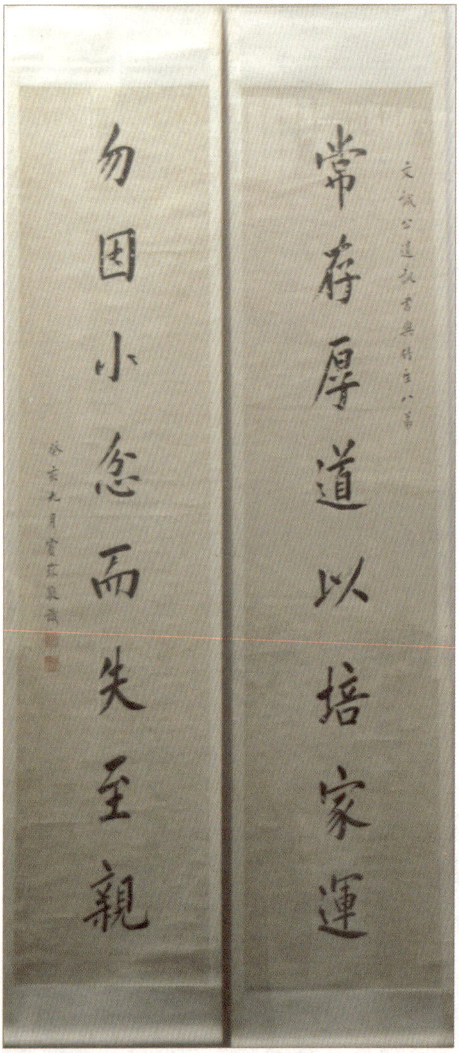

陈宝琛书法

权贵，特别是著名的“庚辰午门案”：因慈禧太后身边的太监仗势不守规矩硬闯出宫，与午门护军争吵起来。太监回来哭诉于慈禧，慈禧大怒，偏袒身边的太监，一定要杀护军。当时许多大臣顾及太后的威权，都不敢直言，张之洞则委婉谏言，并劝陈宝琛疏言不宜过激，以免祸及自身。陈宝琛没有听从张之洞的意见，而是直言切谏，极力抗争，不惜犯颜。最后慈禧考虑再三，只好将太监责打三十大板，对护军从宽处理了事。这件事当时闹得满城风雨，陈宝琛抗疏之举赢得了一片赞誉，朝野上下莫不为其凛然风骨所折服。

中法战争失败，陈宝琛因“荐人失察”，受到连降五级的处分，后回福建，居家二十余年，办教育、兴实业。1909年他第二次出山，1911年补授山西巡抚。当时庆亲王奕劻当政，贿赂公行，陈宝琛上任前照例往庆王府辞行，庆王府的司阍向他索要红包，被他严正拒绝。陈宝琛这时已经年逾花甲了，虽经长期的贬谪，早年的“清流”气象却是丝毫不改。1931年溥仪去东北投靠日本人。作为溥仪的老师，陈宝琛坚决反对溥仪去充当日本人的傀儡皇帝，拒不任伪职，在民族大义面前，益显固有的风骨。这就是秉性，潜移默化的秉性，也就是螺江陈家数代相延的祖宗遗风。

做人最要紧，厚道是家风之本

陈宝琛家族同支系子侄都是以《易经》的卦名取名的，字号也取自《易经》，如陈宝琛三子懋艮，字止士，名字源自《易经》“艮，止也”。侄子陈懋咸，字虚谷，名字源自《易经》“山上有泽，咸，君子以虚受人”。这大概承自祖上的创意，足见陈氏先人对儒家经典的尊崇和所具备的深厚底蕴。

到陈宝琛孙子这一辈，是以“纟”旁取名，再到下一辈该用什么偏旁取名，陈氏族人曾就此征询过陈宝琛，陈宝琛说：“现在做人最要紧，用‘亻’旁吧。”他所谓的做人，就是要做儒家理想中的“君子”，所以他的曾孙名佶、佑、倜、供等，曾侄孙有名俱、任等。

德育，在以诗书传家的陈氏家族中，永远是居于首位的。尚书陈若霖曾遗子孙一副对联：“常存厚道以培家运，勿因小忿而失至亲。”“厚道”二字，可说是陈家的家风之本。螺江陈氏老屋也悬有一联：“谦卦六爻皆吉，恕字终身可行。”“谦恕”二字，更为处世准则。

陈宝琛与儿孙合影

陈宝琛工于书法，他常常应子侄、孙辈的请求，为他们书联或写条幅，所选的句子都是有关修身处世的名句，例如：手录诸葛亮《诫子书》中名句题赠侄子陈懋丰；为孙子陈絜（矩孙）书联云“持其志勿暴其气，敏于事而慎于言”；为侄孙陈绳、陈经书联云“与其过纵何如谨，到得能诚自会明”。从这些联句都可以看出陈宝琛对后辈子孙的诫勉。

1935年3月，陈宝琛因感风寒而一病不起，临终时告诉儿子：“和平维持家声，即生活困难，也不可入宦途，只可经商行医。”嘱托亲友族人：“要好好教育下一代，维护他们的成长。”螺江陈氏后人因受良好家风的熏染，为人处世也均能做到敦睦友爱，谦恭有礼。

家风评述

厚道做人是螺江陈氏的家风之本，风骨则是陈氏家族特有的气质。风骨是内在力量的蕴涵，人有什么气质，就有什么样的精气神，不经风浪，难显其实。纵观陈宝琛的一生，祖宗遗风，在他身上尤为突显。

黄乃裳

矢志尽我余生，抱利他主义

黄乃裳是中国近代著名的爱国华侨、民主革命家、教育家。他的一生是爱国的一生，维新、垦场、办报、投身革命。他在实践中不断地探索，胼手胝足，矢志不移，情志感人，成为黄氏家族的典范。

黄乃裳（1849—1924年），字绂丞，号慕华，福建闽清人。黄乃裳是近代著名爱国华侨领袖、民主革命者。1900年起，黄乃裳率福州十邑乡亲千余人赴沙捞越、泗务地区拓荒垦殖，艰苦创业，繁衍十万侨胞。马来西亚华人至今仍尊称他为“港主”。民国初出任福建省交通部长，热心教育和公益事业，创办《福报》《福建日日新闻》《郇山使者》《左海公道报》等。著有《绂丞七十自叙》。

兄弟的家国情怀

黄乃裳出生在一个世代务农的家庭，从小好学不倦，胸怀大志，靠自己业余时间半耕半读，得以跻身读书人阶层。他的三个弟弟都是由他栽培成才的。黄乃裳年轻时在福州教会任教，也将弟弟带到福州读书。二弟黄乃英就读于马尾船政学堂，三弟黄乃模就读于英华书院。

黄乃模

1881年，天津北洋水师学堂创办，黄乃裳看到三弟通过几年努力，不仅文理尽通，识见渐广，而且处事决断，朝气勃勃，于是便鼓励他报考北洋水师学堂。黄乃裳对黄乃模说：“我们兄弟四人，唯你能文能武，现在国家多难，你愿意从军吗？”黄乃模十分同意大哥的想法，说：“如今列强虎视眈眈，大丈夫为国为民，岂可老守书斋，望大哥裁定。”黄乃裳听了不住点头，说：“大丈夫正应如此！”

1884年，黄乃模以优异成绩毕业于北洋水师学堂第一届驾驶班，后任“致远”舰枪炮二副，成为管带邓世昌的得力助手。1894年中日甲午战争爆发，“致远”舰在激战中被日方鱼雷击沉，31岁的黄乃模不愿弃船逃生，壮烈殉国。噩耗传来，黄乃裳悲痛不已。甲午战争的失败，三弟的殉国，在经历这些刺痛人心的家国剧变之后，是年新中举人的黄乃裳，在赴京考进士期间，加入了康有为领导的“公车上书”运动，开始走上民主革命的道路。

居家在于勤俭

黄乃裳一生奉行“三不主义”——一不买田，二不存款，三不盖房，提倡节俭。民国初，黄乃裳任福建省咨议会议员，又兼英华、福音、培元三书院教务长，住在福州仓山。他有个侄子叫黄大鹏，在闽清老家种田。一年，李子丰收，黄大鹏将李子制成李干后运往福州出售。

黄乃裳故居

黄大鹏卖完李干，想去探望久未见面的伯父。他想伯父是有体面的人，而自己一身粗布衣裤和土布鞋，未免太寒酸了。他生怕给伯父丢脸，于是就用卖李干的钱换了一套时髦的新衣裤，又买了几份糕点，赶往仓山伯父的寓所，却见伯父穿着一身旧布长衫，屋里摆设也简陋，一如寻常百姓家。黄大鹏开始为自己这身光鲜的打扮感到不安。黄大鹏问安后，便把自己这次来福州卖李干的事告诉伯父。黄乃裳听后对侄子说："你的李园丰收了，我很高兴。但你不该赚了钱乱花，更不能装阔，应该勤俭持家。"他指着黄大鹏的新装说："你这身装扮像个什么样子？"黄大鹏听了面红耳赤，只好把自己怕给伯父丢脸的想法告诉黄乃裳。黄乃裳听后哈哈大笑："只要你好好种田，勤俭过日子，伯父这个脸面就不会丢。"从此，黄大鹏再也不敢穿那套新装，并牢记伯父的话，踏踏实实地勤俭度日。

"矢志尽我余生，抱利他主义"

1914年2月，闽清县知事窦炽昌伙同袁世凯党羽汪声玲诬陷黄乃裳阻挠禁烟，下令逮捕黄乃裳。这是袁世凯镇压福建革命党人的一个举动。黄乃裳入狱后，海内外震惊，一时设法营救黄乃裳者遍及东南亚各国。黄乃裳在狱中每天圈点《周易》，不尤不怨，镇定如常。半年后，在海内外舆论的巨大压力下，袁世凯终于被迫下令释放了黄乃裳。出狱那天，到警察厅欢迎黄乃裳出狱的有数百人之多，成一时盛况。出狱后，大女婿林文庆写信给岳丈，婉言劝他吸取这次冤狱的教训："以耄耋之龄，宜重休养，勿多管闲事。"不久林文庆收到回信，黄乃裳在信中对女婿说："矢志尽我余生，抱利他主义，至于入墓之日，不敢偷活苟且。"林文庆接信后，被老丈人坚强的意志和执着的追求所深深感动。

家风评述

开拓、进取、勤俭、无私奉献，是黄乃裳留给后人的一份宝贵财产，这种崇高的品德和伟大的精神深深影响、教育着他的子孙后代，堪为族人楷模。其子女均承其遗志，造福社会。

林纾

努力为善，专心向学

林纾推崇古文，在“文白之争”中锋芒毕露，而生活中的林纾言传身教，向子女传授为人立德、为学立志之道。

林纾（1852—1924年），原名群玉，字琴南，号畏庐，福建闽县（今福州市）人，擅诗词、精绘画，被誉为“古文殿军”，曾在杭州东城讲舍、京师大学堂等校任教。林纾虽不识西文，却依他人口述，用文言翻译欧美小说170余种，笔法流畅，深受读者喜欢，其中《巴黎茶花女遗事》《黑奴吁天录》等影响最大。

林纾少孤家贫。寡母陈氏为人善良宽厚，不仅独自抚育众多子女，对年幼丧母的侄子也视若己出、疼爱有加。她还曾让林纾救下因家中负累太重想要自杀的郑某，并让其妻子儿女六七人在家中吃住数年。林纾对寡母陈氏十分孝顺，谋生之地都在住所一公里范围内，以便能随时照料母亲。母亲病危之际，林纾日夜担忧，如受严刑。母亲留遗言时，林纾痛彻心扉，但怕母亲担心，咬着被子尽力不哭出声。

作为人子的林纾，深受先辈影响，秉承忠厚诚信的处事原则；作为文人的林纾，风骨嶙峋、爱憎分明，极有锋芒，到老依旧不改本色；作为人父的林纾，能够严慈相济、因材施教，孜孜不倦地通过言传身教向子女传授为人立德、处事稳重、立志向学之道。

教导长子林珪“心心爱国，心心爱民”

现存的林纾第一通家书《训林珪书》，堪称林纾教子为官的“指南”，颇见严父家风。对于官至县令的长子林珪，林纾担心他年轻气盛、自恃才高，因此对于如何判案、用人、处理诉讼、批阅经卷等具体事项，均一一详细交代，告诉林珪如果他能“心心爱国，心心爱民”，就是对父母行孝；教导林珪要体察民情，处处小心谨慎；要管好家属，不要沾染官眷习气，以让自己处于可进可退之地。林纾怕林珪不以为意，要求林珪将这封家书装裱起来挂在书房，作为为官格言鞭策自己，可以说是用心至深。

林珪没有辜负父亲的期望，为官能够不意气用事，认真调研，平心判案。1911年，林珪在辖区无兵守卫的情况下，上演了一出漂亮的“空城计”，智退叛军一百多人，使得城中百姓免遭掳掠。林纾知道后十分欣慰，特意作了一首五言诗称赞、勉励林珪。

教导三子林璐专心向学、谋生养家

对于三子林璐，林纾时时叮嘱他求学要勤勉有恒，为人要安分守己，处事要小心谨慎，日后方能立身成家。

林璐大概于13岁起开始在天津、青岛求学。其间林纾与他往来家书数十通，其中最关心他的衣食住行和安全健康，叮嘱林璐每月写家书两封

林纾与家人合影

报平安；天冷要添衣盖被，不要感冒着凉；不要坐船游玩以防落水，不要勉强练体操以免伤害身体……方方面面，呵护备至。

在待人处事方面，林纾要求林璐小心谨慎、安分守己。林璐在青岛读书时，曾被人偷了70元。当时林纾每月的固定收入是报馆支付的200元，仅够家用，林璐一次索要30元买书，林纾尚且要节约开支才能拿出，可见70元不是个小数目。但是，林璐丢钱后，林纾先后去了一封电报和三封信，安慰林璐不要烦恼、安心读书，丢钱也是因为自己粗心大意所致，以后小心便是；更重要的是告诫林璐不要再追究，不要再多口舌怀疑同学，以免和人结仇、被人暗害。

相比之下，对于林璐的学业，林纾并没有太高的要求。林纾坚守古文阵地数十年，内心深处对学洋文、留学等是不赞成的，但他知道林璐不是治学之才，为了生计着想，他只求林璐学好洋文，日后好在洋行找个差事养家糊口。因此教导林璐读书要守规矩、有恒心："一时不必与人有争长之心，时时须存自家有立足之地。凡事有恒，有恒则事无不就、学无不成矣。""但愿汝为学生时，循学生规矩，求学生学问；到长大时，做一辈子好人。"林璐求学期间曾夹带作弊、旷课闲游、观影迟归，林纾几次三番叮嘱他要珍惜时间、珍爱名誉、勤勉学问、节约用度，读书时做个好学生，长大后能够自立。

林纾对于林璐可以说是呕心沥血、费尽心机，只希望林璐保重身体、勤勉读书、小心交友、谋生立足。可惜林璐不能体会老父亲的一番苦心，最终成了林纾口中"懒而乖忤，似朽木难雕"，"全不省人间艰苦"，"游荡无业、不干正事"的纨绔子弟，与林纾的并不算高的期望也相去甚远，林纾对他是失望至极。

教导四子林琮致力治学

四子林琮有着较好的古文造诣，与教林璐致力于洋文、算学以求谋生不同，林纾对林琮继承家学寄予了厚望，对他自然是殷殷期许、严格管教。

1919年至1920年，林琮肄业在家自修，林纾一发现他有什么不足，即以书信形式给予建议或训诫，时时督促他端正品行、勤勉用功、自立持家，为弟妹做好表率。他告诫林琮“做人须得一个勇字，又须得一个忍字”，先苦后甜，才能成就一番事业、自立于世，这与对林璐要安分守己、但求谋生的要求相比当然更高。他还以林璐为反面教材，叮嘱林琮不要重蹈兄长的覆辙。

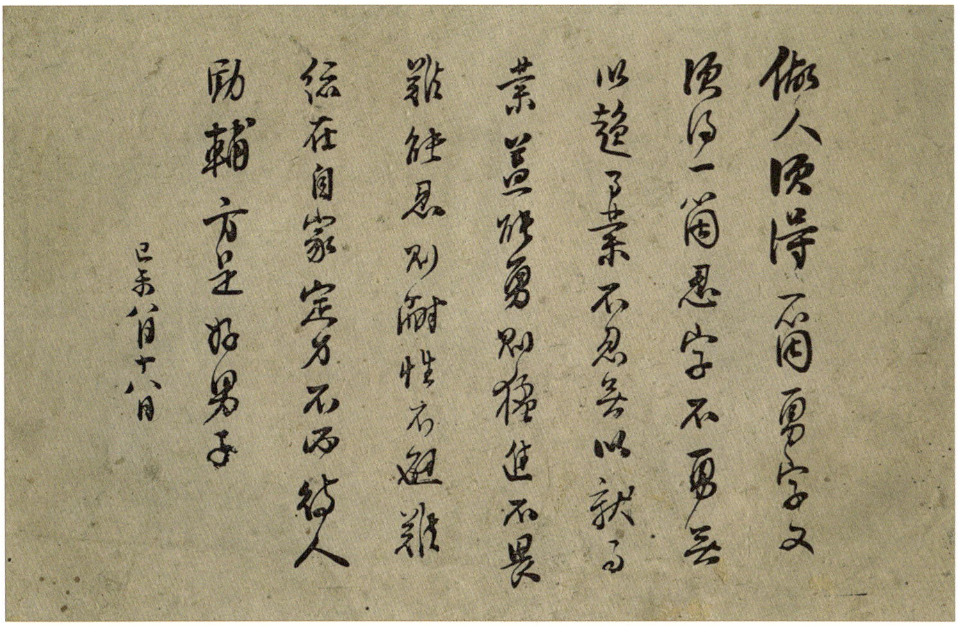

林纾家书

林纾有意将治学的衣钵传给林琮。两年间，他给林琮写了2封长信、23通家训，其中除了教导林琮为人处世之道外，还向林琮详细传授读书作文之法。他采用循序渐进的办法，命题立意，让林琮写了13篇古文习作，并亲自批改，圈圈点点，十分细致认真。有趣的是，林纾注重精神鼓励和物质奖励并举，每篇作文后面除了赞扬之语，还有具体奖励的数目，少则“赏四角”，一般“赏一元”，多则“赏两元”。有一篇文后林纾许下“待第二篇成后，给十元”的重赏，其望子成龙之心展露无遗。

林纾对林琮所作《严幾道先生传》《僭拟螺江太傅甲子重宴鹿鸣诗

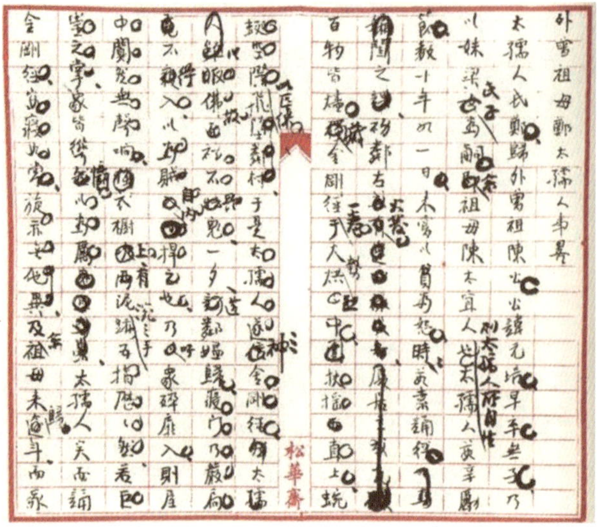

林纾批改林琮古文习作

序》等颇为满意，赞赏之余，忍不住拿到友人当中传阅欣赏，还专门请陈宝琛点评林琮习作。得到众人肯定之后，想到孺子可教、后继有人，林纾倍感欣慰。

林纾的十条遗训当中，专门有一条交代“琮子古文，万不可释手，将来必为世宝贵”。林纾临终言语不清时，仍用手指在林琮手上写道：“古文万无灭亡之理，其勿怠尔修。”对林琮子承父业、早日成名的殷切期待可见一斑。林琮后来曾在天津《大公报》任主笔，可惜因为肺病，三十出头便早早离开人世，终究没能了却林纾生前的最大心愿。

教导女婿郑礼琛老实守矩

1899年，林纾的女婿郑礼琛到沈瑜庆府上做事。林纾与其书信往来，教导他为人处世“好不在讨人爱，要久久不讨人嫌，才有本领。不讨人嫌处，不是事事巴结，是事事实心”，就是希望郑礼琛踏实做事，平心静气，耐守一时，方得久远。

后来，郑礼琛跟随沈瑜庆到上海，林纾坦言上海是纸醉金迷的场所，要郑礼琛珍爱名誉，不能随波逐流。古语云：近朱者赤，近墨者黑。林纾信中还常常给郑礼琛介绍品行端正之人让他交往：“此君（高尔谦）人品至佳，可师也”，“陈晴川亦（品）学皆佳，吾贤亦当与之为友”，可见林纾对后辈道德品行养成的重视。

林纾女儿林雪病故后，郑礼琛要再婚，林纾去信强调选妻子和选女婿一样，必须十分慎重，要以德行和健康为上，万万不可草率行事。后来又去一封信，信中详述了郑礼琛拟再婚的对象家教很差，表示自己虽然是外戚，但因与郑礼琛相投，为他考虑，所以奉上忠告。从这作为长辈的关心中，也可以看出林纾一贯的家风。

家风评述

林纾教子，为人要求诚信忠厚，处事力求稳重踏实，求学但求勤勉恒久，躬身示范、因材施教，是严父、慈父，也是良父。

严复

群先己后，勤学重教

严复深受中国文化浸染，又领略了先进的西方文化，一生勤勉治学，济世兴国。在充满变革的晚清社会，学贯中西的他提倡鼓民力、开民智、自强自立、救亡图存。他翻译的《天演论》以“物竞天择，适者生存”的生物进化论阐释其救亡图存的观点，影响了几代人。

严复（1854—1921年），曾名传初、宗光，后改名复，字又陵，又字幾道，福建侯官（今福州市）人，中国近代启蒙思想家、翻译家、教育家。曾任京师大学堂译书局总办、北京大学校长兼文科学长、复旦公学校长等职。严复将西方的政治学、社会学、哲学和自然科学介绍到中国，翻译了《天演论》《原富》《群学肄言》等名著，是系统引进西学第一人。严复的译著在当时影响巨大，是中国20世纪最重要的启蒙译著。他提出的"信、达、雅"的翻译标准对后世翻译工作影响深远。

济世立业，爱国重群

严家是中医世家，严复的父亲严振先在福州开了一家小诊所。严振先医术高明、医德高尚，几乎每天都免费施诊。从严家到诊所的路上有一座石桥，乞丐聚集，路人避之唯恐不及，严振先却每每停轿为他们义诊，还时常垫付药费，很多穷人也慕名前来。1866年，福州霍乱爆发，病患日多，严振先未携家人避乱，而是留下来救治病人，最终不幸染上霍乱身亡。

严复深受父亲的影响，重群轻己，毕生以求学兴国为己任。他在北洋水师学堂等学校任职，致力于教育救国，东奔西走；他主办《国闻报》《国闻汇编》，大力宣传变法维新；他系统地将西方的政治学、社会学、哲学和自然科学介绍到中国，为了中国的独立自强殚精竭虑；他结合中国现状，融合西方学说，翻译了《天演论》等名著，以优胜劣汰的生物进化论思想鼓舞国人奋起寻求救亡图存之道，被后人尊为近代启蒙思想家。

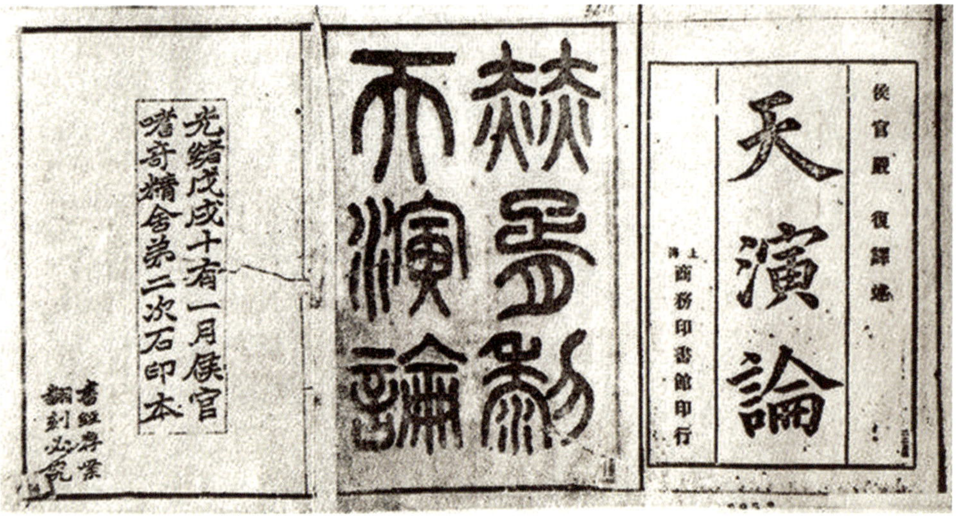

《天演论》书影

严复的长子严璩留学归国后一直在财政部门担任要职，风光一时，可惜因赌博输光家产，加上政治风云变幻，落得靠人接济的下场。此时，他被意图建立汪伪政府的日本人“看中”，骗他入住花园洋房，再游说他出任伪财政部部长。贫贱不能移，严璩未曾忘记父亲的教导，更未忘记侵略者的罪恶，宁死不从。

三子严琥经陈宝琛做媒，与其时为台湾首富的板桥林家联姻，轰动一时。抗战爆发后，严琥一家分赴福建邵武、上海两地避难。抗战胜利后，妻子林慕兰劝严琥迁居台湾，被严琥拒绝。后林慕兰因兄长去世，携子女返台奔丧暂留台湾。不料战火无情，一别变成永隔。留在大陆的严琥信守父亲教诲，不论身为人师还是担任福州市副市长、政协委员，都勤恳敬业、严于律己。而被严复寄予厚望的长孙、严琥长子严侨则以中共地下党员的身份，以照顾母亲的名义留在台湾，两度被国民党囚禁于火烧岛。2003年，严侨被民政部追认为革命烈士。

不仅严复的子女受他影响，严氏家族多位子弟也先后追随他走上救国的道路。严复的族弟严文炳从北洋水师学堂毕业后留校任教，投身海军教育事业；族弟严寿华先后担任多艘军舰舰长，1937年，因实力悬殊，他心情沉痛地指挥“通济”舰，与其他7艘军舰、20艘商船集体自沉，以惨烈决绝的方式截断日本海军的进攻路线；同年，在与日机激战中，严复族侄、“建康”舰副舰长严文彬被炸伤；1938年，严复族弟、“义宁”炮艇上尉艇长严传经在日军的激烈空袭中，英勇牺牲。

纵观严氏家族，可以说一门多忠烈。不论是悬壶济世，还是教书育人，抑或保家卫国，他们都用实际行动乃至生命在国与家、大我与小我中做出了抉择，可圈可点、可敬可佩、可歌可泣！

学贯中西，放眼世界

1866年，12岁的严复人生可谓一波三折。年初刚刚娶妻，年中父亲染病身故，家道中落，学业中断，一家的生活也陷入困顿。幸而这年冬天，沈葆桢创办的中国第一所海军学校——船政学堂面向社会招生，推出了免费学习、学优奖励、推荐就业的优惠政策。

严复在入学考试中拔得头筹，从此开始了“西学”之路，翻开了新的人生篇章。船政学堂宽进严出，严复五年间勤奋苦读，名列前茅，也养成了勤学不怠的精神，毕业后未停下求知的脚步。1877年初，因成绩优异，严复成为清朝首批官费留英生，赴英国格林尼治皇家海军学院学习。其间，严复目睹了西方的种种先进之处，认识到光靠技术难以让中国摆脱落后挨打的局面，阅读了西方大量政治、经济、社会、哲学著作，眼界进一步开阔，对中国如何富国强兵有了更为深刻的思考。清政府筹建北洋水师学堂时，严复受李鸿章邀请出任教职，成为培养中国海军将才的教育家。

对于子女的教育，严复同样主张先中后西，再视情出洋留学。他聘请塾师为子女开蒙授业，繁忙之余也亲自教授子女国学、英文、数学。严复去世后，长子严璩延续家塾传统，聘请中西学教师为后辈授业，严家子弟得以打下深厚的中西学根基。

严复对子女的教导细致、用心，并因材施教。他要求子女学习要专心，勤而有恒。长子严璩生性浮躁，严复告诫他年少时务必心无旁骛、潜心向学。三子严琥婚后来信中多次出现错别字，严复认为这是用心不专，即去信指正。即便是到了弥留之际，严复也不忘教导子女要珍惜时间、机会，勤学敬业。值得一提的是，严复并不一味追求成绩，四子严璿在唐山工业专门学校求学时，严复告诉他不要过于在意分数高低，只要勤奋用心，做学问自然水到渠成。

尊重女性，满门芬芳

严复与中国新闻史上的第一位女编辑吕碧城是忘年之交，并对于传统女性在家庭中的弱势地位深表同情。这在今天看来不足为奇，可放在当时，作为男子的严复能体会到女性的不幸和痛苦，却是难能可贵。与“女子无才便是德”的旧思想相反，严复很重视妇女教育，认为妇女也应和男子一样加入救国兴国的行列。他多次与外甥女何纫兰讨论办一所理想的女学。严复的四个女儿均在家塾受业，严复多次叮嘱她们要勤奋用心。在如此的家风家教中，严家的女孩个个饱读诗书，成为“气质美如兰，才华馥比仙”的大家闺秀，声名远播。

严复与外甥女何纫兰合影

严复长孙女严倚云三岁时不慎摔伤，曾被医生预言活不过十五年，但身残志坚的她将爷爷严复“世界上什么东西都不是属于你的，只有学问是别人抢不走的”的教诲牢记在心，活出了常人所不及的多彩人生。她在家塾中读古书、英文、法文、数学，曾获法国政府、剑桥大学颁发的文凭；仅用一年时间便以第一名的成绩从北京圣心女中毕业，考入北大；毕业后，先后在西南联大、北京大学、密歇根大学、康奈尔大学、南加州大学任职或学习，学术上颇有建树。她还致力于中国历史文化的传播，晚年拿出积蓄在华盛顿大学设立严复翻译奖学金、严复奖学金基金，资助热心钻研中国文化的年轻人。二孙女严系云从北京辅仁大学毕业后走上三尺讲台，自此献身教育事业直至退休。

严琥的女儿严倬云走上了慈善道路，严倬云认为这与祖父“群先已后”的教导息息相关。她在台湾“妇联会”任主任委员，一直坚持只做慈善，不参与任何政治。在她的影响和带动下，子孙后代也都愿意做慈善事业。严倬云的胞妹严停云是颇有名气的作家，在文学和教育领域均做出成绩。

家风评述

严复学贯中西，勤学重教，济世兴国，为家族子弟做出了榜样。阳岐严氏家族自严复这一代以下的排行是“传家以孝，为国维忠”，严氏一族身体力行，实践祖宗的谆谆教导，可谓中国近现代史上家风相承的榜样。

薛绍徽

广闻博见，治家唯慧

薛绍徽生于一个“女子无才便是德”的时代，但她精通诗词，办报讲学，主张男女平等；她尊贤爱夫，辛劳持家；她没有留过洋，但与时俱进，与丈夫合译外国著作，成为中国第一位女翻译家，为我们树立了一个自尊、自强、自爱的妻子和母亲的榜样。

薛绍徽（1866—1911年），字秀玉，号男姒，诗人，翻译家。福建侯官（今福州市）人。自幼读书习画，诗词造诣颇深。婚后，随夫陈寿彭游上海、宁波、江宁等地，一同办报讲学。与夫合译多部外国著作，其中《八十日环游记》是凡尔纳科幻小说在中国最早的译本。其诗词多为反映现实之作，写时写事极具史料价值。卒后，其诗、词、古文等辑为《黛韵楼遗集》传世。

古人云：正家之道，始于夫妇。上承祭祀，下养父母。唯夫义而妇顺，乃起家而裕厚。这段话的大意就是，振兴家庭之道始于夫妇，只有丈夫仁义，妻子柔顺，才能振起家风，生活富裕。古往今来，先贤哲人，示例多多。生活在晚清的薛绍徽又给我们展现了正家之道的新内涵。

薛绍徽从小就聪慧过人，小小年纪就能抚琴泼墨、学诗属文，擅长诗词、骈文、绘画和音律。15岁与船政学子陈寿彭结为伉俪，借由夫君的引导，跨入西学新天地。于丈夫，她是位贤妻，理家育子，相敬如宾，志趣相投；于孩子，她是位良母，知书达礼，博闻强识，精琴棋书画，带孩子走进不一样的世界，内为增长才干与能力，外亦哺育社会文明与进步。

夫贵妻贤，和睦家庭欢乐多

作为生活在那个年代的女性，薛绍徽相夫教子，是个典型的贤妻良母。婚后三年，长子刚届百日，其夫陈寿彭决定留日，之后又游学英法

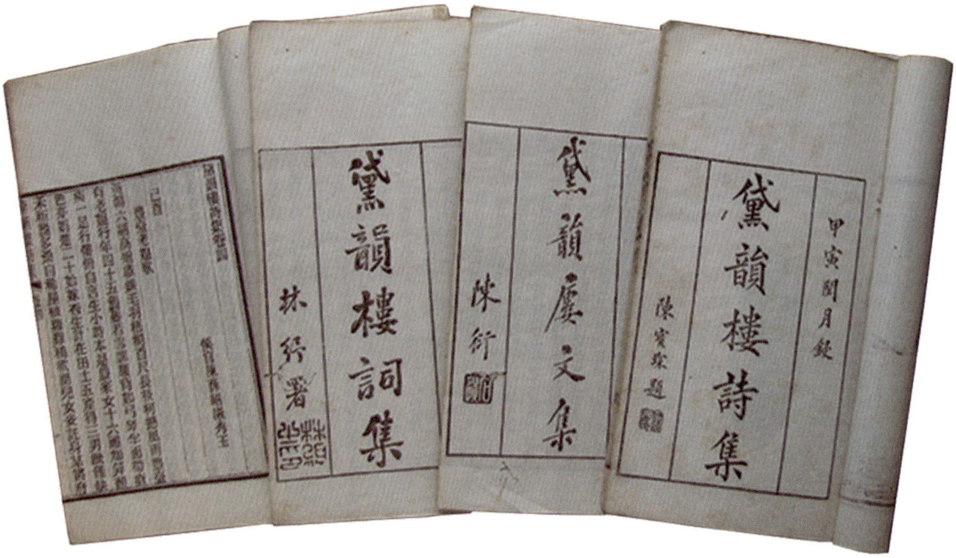

薛绍徽《黛韵楼遗集》书影

等国，累计达四年之久。在此期间，薛绍徽独自承担家庭的重任，“课女咏诗，呼儿作绘。曳柴食啖，助班超之写书；烧烛添香，伴子京以读史”，使夫君能安心学习。陈寿彭归国后又辗转于上海、浙江、河南、广东、北京等地，夫妻有聚有分，但无论是顺境逆境、相聚相离，薛绍徽始终对丈夫情深意笃。当陈寿彭乘船途经香港，身染重疾而医药难购，以致生命垂危时，薛绍徽虔诚祈祷：“妾虽柔顺膏沐容，刀锯斧钺罔怨恫，敢请身当灾厉冲，愿神力挽造化功。”夫妻恩爱之情不言自明。

另一方面，陈寿彭也极其怜爱妻儿。他游学英法期间，知妻带子寂寞辛劳，不断送所经之地的特产，且附以详细说明，介绍相关的风土人情与历史文化背景，以广其妻见识。如游历法国时，陈寿彭买了些珠宝首饰，寄给薛绍徽，其中有一对手镯，是拿破仑三世皇后欧色尼所用。他在给薛绍徽的信中说，这对手镯是西班牙女王为讨好欧色尼，“令使臣赴荷兰选钻石，觅法之良工镶配之。因荷兰精切钻，而法人善钳钻也”。普法战争后，欧色尼想把原来皇宫里的珠宝首饰等“取为赡养”，但参议院认为，“法既民主，则帝后之物皆无所有，定价听人购买，资国用。签曰可”。陈寿彭所述不仅说明了手镯的来历，更向薛绍徽介绍了西方的民主与议会制度。1889年，陈寿彭游历归来，携西文图书600多册，大开薛绍徽的眼界。陈寿彭用书中所记西方新奇技巧，制冰激凌、酿酒等，以享家人。薛绍徽笔下，家人饮酒后醉态可掬：“试启时，倒玉卮。醉也醉也，沈醉去，自有扶持。醉入甜乡香国尽相宜。”

与时俱进，闯进新世界

薛绍徽得丈夫工作之便利，随同丈夫宦游了大半个中国。广泛的游历生活增加了薛绍徽接触社会和自然的机会，使她不仅仅局限于闺房中，目光变得更开阔敏锐，心思变得更深邃细密。她作的400余首古典诗词堪称变法新政编年史，多感怀时局，反映现实，深寄忧患，反映中西、古今交流、冲突过程中的急速变革和女诗人自身对现实的敏锐反应。

得丈夫语言之优势，她与丈夫合译外国著作，眼光探向更远的西方世界。这也使得她与陈寿彭由夫妇进而为学术之友，“旅灯相对，书案双凭。调言语之侏离，佐帷房之欢谑”。如此和谐的生活，如今看来也是楷模。

他们一起出版的译著有《外国列女传》《八十日环游记》《双线记》《格致正轨》，题材包括妇女史、科学幻想、言情小说及物理教程。这些书目进入薛绍徽夫妇的翻译视野，得益于薛绍徽的理念。她一向主张中西兼通，向妇女提供最好的教育机会，以使妇女能够与男子一样为国效力。为此她和夫君合作，通过译著向中国读者——尤其是妇女，系统介

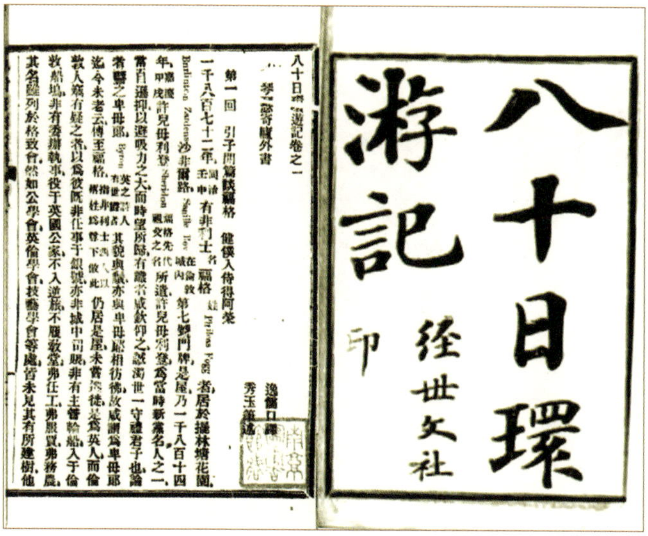

《八十日环游记》书影

绍西方历史、科技、文化。在《八十日环游记》的序文中，薛绍徽指出此书有三大贡献。第一，提示了科技知识的重要性。主人公周游地球，如月绕地，如星经天，依靠的是他广博的科学地理知识；第二，单凭科学知识并不能保证环游成功，主人公沿途屡经困难挫折，“凡此艰难，胥关智力，全凭忠信”；第三，该书还介绍了世界各地的风土人情。为此，陈寿彭为译稿笺注，就其中涉及的天文地理、政治经济、历史文化等方面知识，一一详加注释，所有地名，也一一缀上原文。加上译文优美，《八十日环游记》堪称一部精湛的、极富趣味的地理教科书，出版后大受欢迎，自1900年到1906年，重印三次。《外国列女传》借鉴西方妇女经验，启示中国妇女：应注重知识才能与道德人格的建树，以便内能相夫教子，外能哺育社会文明。《双线记》则借西方言情小说，宣扬男女平等、婚姻自主的观念。

史载，返闽后，薛绍徽还作课儿训女诗30首。可惜这些饱含其育儿理念的作品已是难得一见。但个人的成长经历总会影响其为人处世，作为母亲，和风细雨、潜移默化的示范和积累也许比课堂教育的方式方法更重要，毕竟“有道无术，术尚可求；有术无道，止于术”。

家风评述

薛绍徽在母亲的教导下启蒙了国学，在丈夫的引导下走进了西学，成为学贯中西的一代女文人、女翻译家，名载史册。“冬天的温暖离不了木柴，家庭的幸福离不了妻子。”这是哈萨克族流传甚广的一句谚语，也是现代家庭幸福的真谛。女性是良好家庭环境重要的营造者。妻子的贤惠，往往提供了温暖、和睦的家庭氛围，这是孩子健康成长最有价值的土壤；母亲的格局与担当，则给孩子建立起非同一般的视野与追求，是家庭蒸蒸日上最有力的引擎。

林森

为官守道，家训有方

“公生平宁静淡泊，勤整廉贞，举措抑扬，不私奸恶，造次颠沛，不离规矩，居常和易，童稚可亲。临大难，持大节，则峥嵘岳岳，懔乎如神……”这段林森的墓志铭，是贯穿林森一生的家风写照。

林森（1867—1943年），福建闽侯人。原名天波，字子超，号长仁，晚自号青芝老人。民国著名的政治家、社会活动家。历任南京临时参议院议长、国民党中央执行委员、国民政府立法院副院长、国民政府主席等职。

祖德馨香传

闽侯县尚干乡是林森的出生地，是一个山清水秀、人杰地灵的地方。林氏家族傍江而居，是当地大姓，世以耕读传家，克勤克俭。在林氏家族中，先人林五娘拒嫁抚侄、延续宗嗣的故事一直广为流传。

元朝至元十七年（1280年），尚干林维本率家人扫墓，归返途中遭风覆舟，9人罹难，仅遗祖母黄氏、妹五娘、妻郑氏及9岁幼女。逾月，郑氏生下遗腹子后不久也病逝。就在这岌岌可危的关头，19岁的林五娘矢志不嫁，上侍祖母，下抚孤侄，担负起为林氏延续宗支、重振家族的重任。林五娘含辛茹苦，艰难地支撑门庭，治家井井有条，待家庭步上正轨，她释下重负，念经茹素，以终天年。世人重其行义，称她为“林义姑”。每年正月十二日义姑忌辰，都有隆重的祭祀活动。

两岁那年，林森随父亲林道炳迁居福州仓前山土地庙街。在这里，他父亲经营皮革小店维持生计。但逢年过节，特别是农历正月十二日，林道炳都要带着家人回乡参加祭祖活动并与族人相聚。在大人们讲述的

林森与族人在青芝山啸余庐前合影（1933年）

先辈事迹中，林义姑的故事最为吸引林森。家族先辈坚韧不拔、吃苦耐劳的坚强意志，勤俭持家、尊老爱幼的淳朴品行，知书达礼、端庄贤淑的美好风范……这些都在少年林森的心中留下深深的印迹。1929年2月，尚干乡义姑祠修竣落成，林森亲撰楹联“百世馨香，义姑光祖德；千秋功业，抚侄振家声”，以示对义姑懿德丰功的推崇。1930年，林森回乡主持编纂《纪念义姑特辑》，广征海内外名流如胡汉民、于右任、萨镇冰、陈衍等题词，表达对先人的崇敬、景仰之情。

送子从军补过

林森发妻郑氏早逝，没有留下子女，林森也没有再娶，后以胞侄林京为嗣子。林森对林京要求甚严，绝不溺爱。林京从燕京大学毕业后，又赴美入哥伦比亚大学深造。行前林森对他说：“我平生积蓄共约二万五千美金，别无余钱，今悉数给你。你已是成年人，应当谨慎使用，完成学业。成材与暴弃，你好自为之吧。”到美国后，家有妻小的林京少了约束，不久便与某百货公司女售货员谈起恋爱，并被人曝光于报刊上。林森得知后，极为气愤，认为有损国体，又给家族丢脸，登报声明与林京断绝父子关系，又电嘱驻美大使将林京遣送回国。林京回国后几次请求林森的原谅，林森都没有回应。后来林京只好在傅作义手下任英文秘书。“七七事变”爆发后，傅作义的第七集团军开赴抗战前线。傅作义电询林森，问该如何安排林京，林森说，让林京到抗日前线去将功补过吧。林京踏上了抗日前线。此间，林京曾写一首诗送给同仁卢健飞，诗云：“三月边城仍飞雪，不恋江南好景色。拼将一生报国恩，愿随将军杀顽敌。”以示自己立功报国之心。林京随军参加了忻口及太原战役，在从太原突围南撤途中不幸殉难。林森得知凶耗后，没有流泪，只说了一句话：“抗战总是要牺牲的。”随后长长叹了一口气。在抗日战争中，林森失去了自己的嗣子。

举贤避亲，家训有方

民国时期，林森任国民政府主席12年。他虽为国家元首，却与平民无异，平生辉煌事迹，未尝稍自炫扬。于自处处人之道，在关键时刻毫不放松；在国家民族立场上，也是始终坚定不移的。

林森手迹

林森平素和易近人，恬淡忠厚，对待下属一秉至公，向无疾言厉色。为官处世，不喜张扬，奉行“不争权揽利、不作威作福、不结党营私”的“三不”原则。身处高位，对自己的亲属、族人驭之特严，从不徇私情，不滥用私人。他曾说：“人类相与，公则易合，私则易离。”

林京之内兄陈孝威，毕业于保定军校，曾任过河北泰宁镇守使，深得林森的器重。陈孝威平日喜论国事，旁及世务，林森听了，常默许之。但林森任国民政府主席后，一日他对陈孝威说：“你虽富有才识，而易陷于惊奇；喜抱不平，而易趋于急进。多主张，执我见，而或不适于环境。政者，正也……有用世之才者，不必有宰相之位；而有宰相之位者，正不必有宰相之才也。我虽深知你而不能用你……你宜去我而善用你才，论政论军宜慎择其业而秉其所守。我今当守‘举避亲’之戒也。”这段话，林森不但表示了自己对陈孝威才能的肯定，而且表示因自己的主席身份和“举避亲”之戒而在任用他这件事上有所顾忌，同时还对他的发展提出了建议。这真是君子爱人以德的风范了。所以后来陈孝威办报数十年，其间崇论宏议，虽时有大言炎炎、惊世骇俗之论，而始终不出位，便是服膺自己这位姻亲前辈的一番教训。

青芝山林森题刻“不为米折腰”

林森有个侄孙，叫林希岳，抗战期间在浙江寿昌县（今寿昌镇）任县长，他嫌官小，希望能到中央机关工作，便多次写信求林森设法弄个职位。林森总是加以拒绝，并写信对林希岳说：“长期抗战，随地均可效力国家，似此情势，切莫移动为佳。”又言：“千万不可前来，来亦空劳往返。倘不信忠告，只有自误，悔亦无及矣。”林森又曾写信勉励林希岳：“只要好官亲民，民不至疾苦无所告也。俗云：公门好行方便，亦积德立名根基。既负守一方之责，能不自奋秉公、为子孙种福乎？古人云：清贫胜于浊富。纵积财与子孙，子孙未必能守；乃至履丰奢暴，反累祖德。是以名为贵，德为本，古人不我欺也。倘错过积德机缘，便是作孽，必至身败名裂，都因一念之差，遂至毕生莫赎……所谓扬名声、显父母者，在于当官时能知洁己公正，为民造福者，方获此佳誉，成为不愧于天，无怨于人，为吾族树一模范也。可不勉乎哉！”这番家书措辞温和，态度恳切，尤具教忠教孝之至意，而仁者之心，更是表露无遗。

林森对鸦片是深恶痛绝的，常常训诫子侄辈不得吸食。1928年，林森的侄子林履明与宋子文的亲信陈裔生之妹订婚。当时陈裔生是全国特别税处的处长。所谓特别税，就是政府通过公开售卖鸦片而收取的税收。林履明还准备在陈裔生的手下当个宜昌特税处处长。

当林履明就自己的婚事和工作向林森请示时，林森对婚事没有反对，但对林履明出任宜昌特税处处长则表示反对。林森极严肃地对侄儿说：“林文忠公（林则徐）禁烟，誉满全球，你却去公开出售鸦片，害了人还去收钱，真是有愧林氏，有辱门风，我也不想砸了你的饭碗，你自己看着办吧。”林履明听了林森的一番话后羞愧不已，便辞去了这个肥缺。

家风评述

林森对亲友、族人之言，无不含有至理、契合大道，见伟大于平凡之中。林森平生诲人不倦，其浩然之气不独流光家乘，亦可垂范千秋。

黄奕住

重教育，重公益，重传承

黄奕住聪明肯干，勤劳多思，虽历经苦难却磨炼了意志，虽漂泊不居却拓宽了视野。他为商重情义守信誉，为人不忘本讲道义，具有极强的人格魅力。重教育、重公益、重传承的风气在代际流转，成就了一个不平凡的家庭。

黄奕住（1868—1945年），福建南安人。著名爱国华侨企业家和社会活动家，祖上世代务农，家境贫寒，12岁开始学习理发手艺，后随乡人南渡至爪哇三宝垄，经过苦心经营成为著名的糖业大王。1919年，黄奕住离开侨居几十年的印尼，返回厦门鼓浪屿定居。黄奕住回国后，创办银行，扶助发展华侨工商业，并经营社会公用事业，如创建厦门自来水公司、承办厦门电话公司、从事厦门房屋及市政建设等。

1910年黄奕住在南安与家人合影

家世清贫，人穷志不短

1868年，黄奕住出生在福建闽南的一个小村庄里。山区本就贫穷，医疗条件不好，加上战乱连年，新生儿存活率不高。父亲黄则华希望能留住这个刚出生的孩子，给他取名“住”。

黄奕住是家中长子，有三个弟弟、两个妹妹。父亲是一个老实厚道的农民，将一家的生计维系在祖传的和租用的几亩农田上，但往往辛苦耕作一年，在缴纳租税后所剩无几。母亲萧氏擅织布，她为人纺纱，以微薄工钱贴补家用。萧氏抚育着五六个孩子，承担全部家务，每天还要起早贪黑地纺线，非常不易。贫穷的家境迫使黄奕住辍学，也逼得黄则华把二儿子和长女、小女儿送给了别人家。但这个家虽然贫穷，却极有骨气。有一年春夏青黄不接之际，家中已无存粮，甚至连甘薯、野菜等替代物也没有，雪上加霜的是，他们无处告贷，家中竟至断炊的凄凉境地。生性好强的母亲萧氏，担心邻里知道家里的窘况，便在锅里放一瓢水，燃柴煮水，炊烟袅袅升起，邻里便以为其家仍在照常做饭。殊不知，家里的大人小孩皆饥肠辘辘，喝水充饥。

困苦的童年，给黄奕住的心灵带来了深深的创伤，但母亲的坚强和忍耐，也影响了他的一生。12岁那年，他便开始学习理发手艺，挑上剃头担子，走乡串户为乡民理发。后来到了东南亚，放下剃头担子换上货郎担子，艰苦创业，走向事业的巅峰，每一步他都咬牙坚持，没叫过苦累，走得踏实而稳重。

1919年，黄奕住回国后，将母亲接到厦门颐养天年，并在当地为母亲举行规模盛大的祝寿活动。萧氏生前感念儿子童年辍学的不甘与苦痛，希望儿子能在家乡办一所学校，让贫困的孩子有学上。在母亲去世的第二

慈勤女中新校舍

天，黄奕住便“设斗南学校于南安楼霞故乡”。此后不久，他又在鼓浪屿接办了因经费拮据、面临停办危险的厦门女子师范学校，并将之改名为慈勤女子中学。黄奕住之所以将这所学校命名为慈勤，也是为了纪念他的母亲萧氏——萧氏逝世后族中私谥“慈勤”。

重视教育

黄奕住有12个儿子，8个女儿。他在世时，有孙子36人，孙女14人，可谓子孙满堂。他非常重视子孙后代的教育，曾对孩子们说：只要你们肯读，不管是读大学，还是出国留学，我都供你们读。

在早年他未发家之前，在国内出生的几个儿子，他都将他们送到私塾，开蒙训诂，熟读四书五经，习中国传统文化。待孩子们长到十多岁，便带到印度尼西亚，进入自家的公司当职员，让他们从最基层做起，学习经商之道和基本的经济常识。之后又送他们到南京或新加坡等地的学校学习英文、算学等知识，以便他们成长为具有现代意识、能跟上世界经济形势的企业家。

黄奕住对于子孙后代教育的一个独特之处在于男女有别。接受了初级中学或初级师范学校的教育之后，男子不管是愿意读大学还是出国深造，他都支持。而女子则延师在家教导。虽然她们不出外求学，但对其学习的要求，黄奕住一点也不含糊。他聘请国文、英文、音乐等科目的老师为女孩子们授课。所请老师，均是当地本门课程教师中的翘楚。

他的子孙中，有中国近代史上有名的实业家，有成为物理学教授的知名学者，有曾任福建省副省长的政府官员，也有为知名学者担任十多年助理默默奉献的普通工作者。

1943年黄奕住立遗嘱：“余一生勤俭持身，忠厚待人，对于国家社会之事，虽不敢上拟先忧后乐之伦，亦未尝稍忘匹夫有责之义。时人不云乎，精神遗产重于物质。所望各儿女善守吾产，尤望各儿女同心协力，善师吾行，勉为跨灶之图，勿招损智之诮，则吾生虽有涯，而吾之精神可以不朽矣。勉之，勉之。”他看重的是精神的传承，是家风的良好继承。

黄奕住还将遗产的十分之一作为教育基金和医疗基金，以便可以永久地支持教育、卫生事业。“吾幼失学，为大恨事，今于吾父吾母邱墓之乡，吾身数十年经营衣食之地，晚岁之区，为青年学子略尽吾情，弥吾阙憾尔。”这种无私兴办学校的助学精神，真是令人感佩。

闺中自有好女儿，默默奉献显家风

黄萱，黄奕住四女。她的丈夫是周寿恺，厦门宿儒周殿薰之子。其夫担任岭南大学医学院副院长期间，国学大师陈寅恪正任教于中山大学文学院。1952年，经人介绍，黄萱开始担任陈寅恪的助理。彼时，陈寅恪已经双目失明，他的工作全靠记忆和黄萱帮忙核查资料、誊写抄录。黄萱尽心协助，寒来暑往，风雨无阻，即使后来搬了家，离工作地点来回有三四个小时的车程，她也没有放弃，一直坚持到1964年。

在黄萱为陈寅恪工作的这十几年间，陈寅恪修订了《元白诗笺证稿》，完成了《论再生缘》《柳如是别传》等近百万字的著述。陈寅恪曾为黄萱写了一份工作鉴定，照录如下：

（一）工作态度极好，帮助我工作将近十二年之久，勤力无间始终不懈，最为难得。

（二）学术程度甚高。因我所要查要听之资料，全是中国古文古书，极少有句读，即偶有之亦多错误。黄萱先生随意念读，毫不费力。又如中国词曲长短句亦能随意诵读，协合韵律。凡此数点聊举为例证，其他可以推见。斯皆不易求之于一般助教中也。

（三）黄先生又能代我独立自找材料，并能贡献意见修改我的著作缺点，及文字不妥之处。此点尤为难得。

总而言之，我之尚能补正旧稿，撰著新文，均由黄先生之助力。若非她帮助，我便为完全废人，一事无成矣。

上列三条字字真实。决非虚语。希望现在组织并同时或后来读我著作者，深加注意是幸。

陈寅恪与黄萱在工作中

黄萱出色的工作能力，得益于从小父亲黄奕住就为她聘请知名学者担任家庭教师，使其在童年时期便打下了扎实的国学基础。父亲也教导她，做人要讲究诚信。黄萱答应了陈寅恪，就每天往返几个小时兢兢业业地工作。她朴实无华，默默奉献。从中山大学聘她为助教起，一直到十几年后她依然是一位助教，职位没有提升，工资没有涨。这一位真正的大家闺秀、名门太太就这么无怨无悔地放弃了舒适优渥的生活。晚年她定居鼓浪屿，深居简出，几架书，一架钢琴，就是她生活的全部。

家风评述

黄奕住出身贫寒。他崛起于微时，回国后又热心医疗、教育事业。他所处的家庭、社会环境以及从小所受教育的综合影响形成了他正直的性格，也形成了他独特的教育理念和教育方式。他的子孙辈中不乏优秀之人。其教育之道极有借鉴意义。

陈嘉庚

华侨旗帜，民族光辉

陈嘉庚是一位伟大的爱国者、著名的实业家和教育家，一生为民族复兴、国家富强奋斗不息、鞠躬尽瘁，被毛泽东誉为“华侨旗帜，民族光辉”。他的后代也在不断地传承“嘉庚家风”，热心公益，造福社会。

陈嘉庚（1874—1961年），福建同安（今厦门市）人。著名爱国华侨领袖、企业家、教育家、慈善家、社会活动家，一生办学近百所，并为民族独立和祖国建设做出了卓越贡献。中华人民共和国成立后，历任中央人民政府委员、全国政协副主席、全国人大常委会委员等职。

热心公益，乐善好施

1874年，陈嘉庚出生在集美。鸦片战争后，这里不少人到东南亚等地谋生，陈嘉庚便出生在这样的华侨家庭。

因父亲出洋经商，陈嘉庚年少时跟随母亲在集美生活。14岁那年，村民因造房争议引发械斗，致数十人死伤、十余所房屋被焚毁，母亲孙氏在危急关头报告地方官予以阻止，防止事态进一步恶化。第二年秋天，村民再次械斗，孙氏又拿出多年来省吃俭用的积蓄抚恤双方死难家属。母亲孙氏乐善好施、公而忘私、热心社会事务的作风深深影响了少年陈嘉庚，从小跟随母亲生活成长的他也养成了轻金钱重义务、爱乡爱国、致力于服务社会的高尚品格。

诚信果毅，勤俭自立

1891年，17岁的陈嘉庚按照父亲的安排远赴新加坡。后父亲实业失败，尽管当时新加坡规定“父债子免还”，陈嘉庚仍立志还债。经过四年艰苦奋斗，他将债务连本带利还清，成为新加坡华人商业史上的一段佳话。讲究信誉、百折不挠的精神使得陈嘉庚在家道中落短短十年后东山再起，鼎盛时期营业范围遍及五大洲，雇佣3万余人，成为一代商业巨子。陈嘉庚的孙子陈君宝谈及陈嘉庚时说，祖父白手起家，诚信经营，兴办教育，给子孙后代留下的财富就是“英雄不问出处”。

陈嘉庚一生为家乡、祖国的公益事业豪掷万金，自己生活却极为节俭。因父亲汇款不多且时断时续，陈嘉庚童年时家中并不富裕。母亲出身农村，克勤克俭，随母亲在集美生活16年的陈嘉庚也养成了勤劳节俭、淳朴厚道的好品质。即使富甲一方后，他仍然保持朴实作风，住普通平房，家具简陋、衣着朴素，偶尔带妻儿外出游玩买杯冰激凌便算是奢侈消费。陈嘉庚对子女的教育也很严格，五子陈国庆读书时，母亲买一条领带给他，被陈嘉庚斥为浪费。陈国庆第一天上班，陈嘉庚要求他搭公共汽车，半年后才允许儿子搭自己汽车上班。

陈君宝称祖父留给他们这一代人最深的感触是“节俭”：在家里吃

陈嘉庚在新加坡与亲属合影（1949年）

饭时，碗里有米粒没吃干净，父辈们都要告诫向祖父学习，即使有了钱，也不能浪费。

陈嘉庚对待家人严格，公私分明。他主持兴建集美校舍时，侄子到工地做事，他没有安排侄子当工头，而是让他从搬运工干起，考验一段时间后才让他当记工员、管理员。集美的孩子上学可以根据家庭情况申请助学金，但陈家的孩子除外。陈嘉庚从自己的工资中拿出250元，支持陈家的孩子上学。

陈嘉庚共有九子八女，他虽家财万贯，但一生服务社会，并未将财产留给子女。他写过三次遗嘱，始终坚持将存款全部捐给集美学校。他不提倡将家产留给子女，希望子女自力更生、自己奋斗。“诚毅”即诚信果毅，既是集美学校的校训，也是陈嘉庚对后人的训诫。陈嘉庚轻金钱，重义务，诚信果毅，嫉恶好善，爱乡爱国，不但希望子女读书识字，更注重培养他们良好品格，让其懂得做人道理，勤学简朴，安居乐业，报效国家。

情系桑梓，倾力办学

1893年，陈嘉庚返乡完婚期间，看到家乡成群结队的失学孩子，想到自己深受缺少文化之苦，萌生了筹资办学的想法。妻子张宝果知书达理，母亲孙氏乐善好施，对他十分支持。次年，陈嘉庚在集美创办了“惕斋学塾”，开启了捐资办学之路。

1912年陈嘉庚再次返乡，先后创办了小学、中学、师范学校、幼稚园、水产学校、航海学校、商科学校、农林学校、国学专科学校、幼稚师范等学校（统称集美学校）和厦门大学，并在校内建起医院、科学馆、图书馆、大型体育场等，形成了著名的“集美学村”，将心中的完整教育体系蓝图变成了现实，并一直延续发展至今，造福了万千学子。他还联络新加坡华侨组织同安教育会，常年资助福建各地中小学；他热心新加坡华侨子女教育，创办了道南小学、南洋华侨中学、南侨师范和南侨女中等学校，开创和引领了华侨海外办学新风。终其一生，陈嘉庚创办、资助的学校近百所，办学经费约2亿美元，相当于其全部不动产的总和。逐利是商人的本性，但陈嘉庚视办学为富国强民之基，举步维艰时亦不忘初心，其办学觉悟之高、目光之远、气魄之大、决心之坚，世所罕见，令人钦佩。

陈嘉庚倡办的华侨博物院

在他的言传身教之下，子孙后代也对教育事业倾注了拳拳之心。陈嘉庚的大女婿李光前是福建南安人，年轻时往新加坡经商，对侨乡教育、医疗、公益事业有很大贡献。仅1951年，李光前即捐赠厦门大学600万港元，兴建大礼堂、图书馆、游泳池和宿舍大楼等；在南安兴建了国光中学和4所小学，1954年又扩建了24栋楼房。次子陈厥祥任集友银行经理，让集友银行为集美学校提供长期、稳定的经费来源。七女婿李田佑曾任道南学校校长。长孙陈立人致力于延续祖父的教育“香火”，每年10月带领新加坡学生到厦门等地进行交流。外孙李成义以陈嘉庚为榜样，作为新加坡华侨银行总裁，积极捐资兴学。曾外孙女李珍玲被陈嘉庚的远大理想和精神感染，前来中国教书……陈氏情系教育的优良家风源远流长。

矢志报国，疾恶好善

陈嘉庚从小就对民族英雄郑成功、林则徐等充满敬仰之情，身处东南亚的他有着一颗赤诚的中国心。抗日战争全面爆发后，他被推选为南洋华侨筹赈祖国难民总会主席，积极组织华侨捐款捐物，支援国内抗日。他疾恶如仇，致电汪精卫反对言和妥协，提出了著名的“在敌寇未退出国土以前，公务人员任何人谈和平条件者当以汉奸国贼论”的提案，振奋人心。在抗战最艰难时，他招募3000余位华侨汽车司机、修理工奔赴祖国支援，在抗战生命线滇缅公路上抢运战略物资。

1940年，陈嘉庚率领南洋华侨回国慰劳视察团访问战时首都重庆和延安后，从曾经坚定的拥蒋派转向积极拥护中国共产党的抗日民族统一战线，回到新加坡见到五子陈国庆时断言“共产党必胜，国民党必败”。

陈嘉庚塑像

陈嘉庚爱国、爱乡、爱人民的精神深深影响了子女。抗战期间，其子女虽侨居新加坡，但与父亲一样心系祖国、支持抗战。住在国内的陈嘉庚常常去信要求子女筹款，长孙陈立人回忆，祖父的信好比圣旨，父辈们收到信后就赶紧商量如何筹款。

家风评述

陈嘉庚的一生是付出的一生。他言传身教，矢志报国，热心公益，捐资助学。他的事迹载入史册，代代传颂；他的影响超越国界，声名远播；他的家教家风源远流长，历久弥新。

林旭

壮志未酬赴国难，泣血鸳鸯情更深

林旭父母早丧，赖叔父林际平抚养成人，而他也是厚感其恩，不仅将林际平视如生父，对族中诸弟亦照顾有加。他和妻子沈鹊应之间的伉俪之情感人至深，其早前往来书信、诗词浓情蜜意，而林旭身丧后沈氏作的悼亡诗更是催人泪下。两人本是深宅大院一对璧人，奈何于乱世化作啼血双鸳鸯。

林旭（1875—1898年），字暾谷，号晚翠，福建侯官（今福州市）人。为“戊戌六君子”之一。他长于诗文，其诗精妍博雅，覃思健笔，为同光诸老辈所称，所作汇为《晚翠轩集》。然清末政治激荡，林旭受劝幡然戒诗，而求义理经世之学于康有为。1898年，他与乡人张亨嘉等在京组织闽学会，并协助康有为创立保国会。光绪帝宣布变法后，林旭受其重用，破格升为四品卿衔，以军机章京参与新政，多负责草拟上谕，于任上“陈奏甚多”。“百日维新”失败后，林旭被捕就义。

林旭出身贫寒，父母在他四岁时就双双离世，叔父林际平代父之责将其养育成人。虽然家境遭遇颇为坎坷，但这些不幸并没有在林旭身上投下过多的阴影，反而激发了他发愤图强的雄心。而其家族良好的儒士学风也使林旭少年时便矢志向学，有高鹏之远志。

继叔祖家学而奉维新

林旭的祖父林福祚，字畴九，是道光二十九年（1849年）举人，曾任安徽东流知县，在当地颇有政声。林旭在《述祖德诗》中有言：“闻人说公公，作官在安徽。信归向儿道，公公念著儿。分付教《尔雅》，明年为延师。”这里记载的就是其祖父所树立的颇为严格之家风家训：自己虽远在外地为官，却对孩子们在家中所受教育甚为关心，往往寄家书回来过问子弟的学习进度与安排，丝毫没有松懈。林际平就是在这种良好的家风熏染之下成长起来的，后来他于同治十二年（1873年）考中举人，官至知县、知州。林际平很好地传承了他父亲的衣钵，在当地有不错的文名清

林旭

誉，与沈瑜庆（后来成为林旭的岳父）等乡贤名士交好。

叔父林际平对林旭的影响无疑是巨大的，因为他不仅仅承担着抚育侄儿长大成人的责任，更为重要的是他为培育林旭的人格及修养所付出的努力。林旭写有《得三叔父书》一诗，记述了叔父为抚育自己而付出的辛劳："书问久不具，爱我犹怨詈。怀哉刘牢之，少孤实命犹。扶将偕我母，门户枝相樛。读书成后进，云路视何瞻。操心病咯血，新来可愈不？"通过这篇诗文，我们就可以理解当林旭羁旅不顺时收到叔父寄来的家书时复杂而欣喜的心情，"跪读三四遍，涕下不能收"，这短短的两句话，足可见林旭对叔父的感情之深。

林旭另有几封《致诸弟书》，体现的是他对自己家族的关心。作为族中兄长，他惦记的除了亲友的康健便是学问读书之事。他在一封家书中勉励诸弟要养成"威重以固学，谨慎以律己"的良好学风，并以自己为例，毫无保留地条分缕析自己在求学过程中遇见的挫折及应对方法，言辞之间毫无前辈长兄之隔阂，而肝胆情谊展露无遗。在另一封写给诸弟的家书中，林旭则更为具体地对他们寄来的诗作进行了评点。他肯定其文有华彩惊人之处，但也指出存在"骤读之，未免惊异耳"的问题，并在最后以自己先师陈幼莲的寄语"藏华保身"四字赠予诸弟，以自己过来人的身份真切告之为文之道。这拳拳赤子心想来一是为了报答叔父对自己的养育之恩，其次便是希望自己的家学文名能够长盛永昌，所以才会对族弟如此情恳意切地无私相教。

令人可惜的是这样温情的家书往来并不长久，林旭最终还是怀着“保国保种”之情投入到救亡维新中，一去不返。如他的诀别诗《狱中示复生》所云：“青蒲饮泣知何补，慷慨难酬国士恩。”值得慷慨的是他为成全维新理想而做出的牺牲，而悲哀的是与家中的妻子、叔父及诸弟阴阳隔绝，是愧对君主的壮志难酬。

伉俪情深，宁作泣血鸳鸯

林旭的妻子沈鹊应是晚清名臣沈葆桢的孙女，其父则是贵州巡抚沈瑜庆，可谓出身名门。除了琴棋书画之外，她还向当时闽派诗的代表人物、同光体领袖陈衍习诗词，并颇有所成，后世研究者常将其诗歌相比于李清照。沈鹊应与林旭不仅是才子佳人，更是一对能互相理解、互相支持的知己爱侣。

林旭平素与妻子多有诗词往来。通过《晚翠轩集》中存留的几首《寄内》诗，我们得以窥见这对伉俪的款款深情。“携手何当歌有道，寄居聊得顾无忧。入关志气吾能励，望远凭高莫自愁”，是林旭将和妻子往日生活的琴瑟和谐与现今图谋的家国事业并置，并与妻子互相勉励要以前途及“大家”为重。“晓色惊看月满窗，池廊雨歇水淙淙。酒醒作痛何情绪，梦见吴淞十里江”，则是将自己酒醒后对妻子的思念之情寄托于夜月、池廊与十里吴江，全诗虽无一字泄露想念私情，却又将其慕妻思绪渲染到极致。而在沈鹊应的词中，思夫之情更是俯拾即是，如《点绛唇·春早尤寒》有云：“春早尤寒，阑干倚遍人微困。征鸿飞尽，苒苒无音信。独隔天涯，萱草难蠲忿。谁行问？从行无分。多少思亲

沈鹊应

恨。”隐约将自己乱世之中“悔教夫婿觅封侯”的闺阁情思展露无遗。

夫妻情深如此。他们的同乡林纾在其《畏庐文集·剑腥录》就有记载，说林旭在就义前“自念身受不次之擢，年未三十，死以报国亦无所愧。特娇妻尚在江表，莫得一面，英烈之性，必从吾死，不期酸泪如绠”。也正如其所料，林旭去世后，沈鹊应伤心过度，不久后终因哀毁过度而亡。

关于沈鹊应的具体死因历史上还是存疑的，但据她的诗稿看来，无法摆脱悼夫之哀伤是重要原因。其《崦楼遗稿》中有《除夕影前设奠》诗云：“空房奠初夕，对影倍凄然。守岁犹今夜，浮生非去年。心随爆竹裂，眼厌灯花妍。况是无家客，银筝悲断弦。”除夕的热闹情景衬托着设奠空房的冷落凄清，而门外的烟火花灯在主人看来也足以令人心生厌弃。她何尝不想求得解脱呢？如《红楼梦》中惜春“青灯伴古佛”未尝不是一种方法，沈氏《春夜》绝句中即有“药炉经卷在，即此了吾生”，“遗编和泪叠，字字是《华严》”等句，但终究是佛经入眼难入心，“死生千里路，忍忆殡宫寒”，一想到自己的夫婿此时正孤寂沉沦地底，便觉余生之可厌。

光绪二十六年（1900年），沈鹊应在南京离世，年仅24岁。次年，其父沈瑜庆告假回乡，将爱女葬于林旭坟茔之侧，这对生前爱侣终于能于地下团聚。正如沈鹊应读林旭遗稿所作《读晚翠轩诗》云：“人生谁氏免无常，离合悲欢梦一场。何事为荣何事辱，只求到死得留芳。”表面上说的是其夫婿，但又何尝不是自况呢？

家风评述

林旭虽然父母早亡，但有赖族中家风优良，祖父、叔父皆是传统读书之人，对其抚育教养可以说是不无用心。在这样的家族中成长起来的林旭，对长辈是孝悌敬爱，对兄弟则慈恤勉励，与妻子情深义重，对国家民族更是披肝沥胆，死而后已。

王荷波

“绝不能走与我相反的道路！”

王荷波是中国工人运动的先驱、中国共产党早期领导人之一。1927年10月，王荷波遭到叛徒出卖，11月在北京英勇就义。临难前，他仅有一个请求，那就是请党组织对他的子女加强革命教育。“绝不能走与我相反的道路！”他的遗言，掷地有声，响彻九霄。

王荷波（1882—1927年），福建福州人，中国工人运动的先驱，中国共产党早期领导人之一，中国共产党纪律检查工作的奠基者。在党的五大上，他当选为我党第一个纪律检查机构——中共中央监察委员会的首任主席。1927年11月11日，王荷波被军阀张作霖残忍杀害，英勇牺牲。

“绝不能走与我相反的道路！”

中共五大选举的中央监察委员会领导成员铜像群雕（左六为王荷波）

王荷波多次担任中华全国总工会委员。1924年6月，王荷波出席在广州召开的中共第三次全国代表大会，并与陈独秀、李大钊、毛泽东等9人一同当选为中央执行委员。1927年春，王荷波参与组织领导上海工人第二、第三次武装起义。10月18日，由于叛徒出卖，王荷波在北京被军阀张作霖逮捕。在狱中，他受尽酷刑，但宁愿牺牲自己，也要保护组织，始终没有暴露北京的党组织和机关地址，使敌人的阴谋彻底破产。临难前，他唯一的嘱托是，请求党组织对他的子女加强革命教育，并给家人留下"绝不能走与我相反的道路！"的遗言。几个子女，都恪守他的遗言，走在正确的道路上。

王荷波长子王夏荣，生于1919年，长大后承继父志，在党的领导下参加抗日救亡工作。南京沦陷时，他被日寇逮捕，捆绑在灯柱上烧死，牺牲时年仅19岁。

两个女儿，则遵照周恩来的嘱托，由王荷波弟弟王凯送到延安，在党的培养教育下成长。大女儿王晓珍在中华人民共和国成立后与母亲一起住在南京，任职于中国银行；二女儿王修竹在北京邮票厂工作，她们都在平凡的岗位上恪尽职守。

他不仅是我们的长兄，也是我们的启蒙老师

王凯是王荷波的五弟。1920年底，19岁的王凯不堪忍受家中虐待，到南京寻找大哥，并进浦口大厂做工。可是，他逃离了家庭的虐待，却还要忍受英国总管及中国工头的压迫和剥削。他产生了宿命论的思想，觉得自己命不好，今世注定要受苦。

王荷波当时是津浦路机厂工会会长，针对五弟的思想，因势利导给他讲革命道理，启发他的觉悟；还经常给他介绍共产党是怎样的一个政党，工人要有出路必须跟着共产党闹革命……王凯在大哥的影响下，勇敢地参加了党发动的京汉铁路工人大罢工。此后，他加入了中国共产

党，作为联络人积极参加党的地下活动。对于他的进步，哪怕是微小的，王荷波也及时给予表扬；对于他的缺点，王荷波也经常给予批评。

1928年，王凯被捕入狱，入狱后他牢记大哥的遗嘱，坚定信仰，同时组建狱中党组织，任支部书记。在最黑暗的时刻，他成了难友心中的一缕曙光。出狱后，他立即带着妻子走上抗日救亡战场。

1949年王凯、李素英夫妇与三个孩子随中共中央机关从西柏坡迁往北平途中合影

光复福州的“于山举义”中，王荷波二弟王介山以清军新式陆军兵勇身份参加战斗，之后避走东南亚。1922年，中国共产党在新加坡秘密建立海外支部——中国共产党南洋临时委员会，王介山参加该委员会领导的新加坡工会。1924年，王介山回国参加革命，后经周恩来、王荷波介绍加入中国共产党，从事秘密交通、兵运策反、工人纠察队武装训练等工作。

王介山经常对子孙们讲，“三百六十行，行行出状元”，不管你们今后做哪一行，勤为先，老实人不吃亏。他的几个孩子要么在战争前线，要么在基层一线工作。

王荷波和他的兄弟们

可以说，无论是战争年代，还是和平时期，王荷波的亲人后代都始终牢记他的嘱托，低调做人，勤勉工作，清廉自持，不给党添麻烦，不搞特殊化，不打革命烈士的旗号，沿着与王荷波相同的道路一直前行……

家风评述

古语云，父训如山，又云，长兄如父。父亲、兄长承担着家庭的厚望与重担，头带得好，便能带领一家人走上光明的道路。

林觉民

少年不望万户侯，为天下人谋永福

林觉民，一位超越了时代的青年，一位以全中国人民的幸福为己任的热血男儿。他为了理想和信念，为了令当时如睡狮的中国觉醒，牺牲了自己的性命。他的所作所为，震撼了整个社会，他留下的那一封《与妻书》，传为千古绝唱。

林觉民（1887—1911年），字意洞，号抖飞，又号天外生，福建闽县（今福州市）人。1902年入全闽大学堂，醉心新学说，遂始倾向革命。毕业后留学日本，深受孙中山学说的影响，加入了同盟会。1911年，林觉民回国约集福建同志参加广州起义，负伤被捕，从容就义，为黄花岗七十二烈士之一。

敢想敢干、雄姿英发的青少年时代

林觉民幼年就过继给叔父为子。叔父林孝颖是当时的福州名士。林觉民自小便伴随嗣父左右，学习生活礼仪，学习国文知识。他生性聪慧，热爱学习，胸怀广大，英气勃发。

13岁那年，林觉民拗不过嗣父的要求，应试童生。他从小就有很强的反封建意识，目睹清政府的腐败无能以及次次因落后而挨打，不断求索国家的出路。但参加科举考试从而入仕，在动荡的社会中谋一生存，苟且偷安，并不是他的理想，甚至是他所不屑的。一进考场，一众考生战战兢兢，如临大敌，林觉民却一派安闲。等试卷一到手，他挥毫写下“少年不望万户侯”七个大字，交了卷子潇洒离场。小小年纪，便如此有主张！

林孝颖时就职于全闽大学堂，不得已便让林觉民应考这所学校。全闽大学堂由凤池书院与正谊书院合并，它是福建第一所官办的新式学堂，取消科举应试教育，学习西方现代科学文化知识，全面推行西方教

林觉民与家人合影

育体制。就读于此的青年学生们受到民主革命思潮影响，大都沉醉于自由平等的思想，反封建意识很强烈。林觉民自号“抖飞”，寄寓了对翱翔于自由民主氛围的渴望与信心。在全闽大学堂读书的几年中，他的革命思想与人生理想都打下了基础。

就读于全闽大学堂期间，他因不满于官立学堂的腐败，与好友在城北另创一所私立小学，专门招收家境清寒的子弟入学，向他们传授西方学说。他还在城南魁辅里（今吉庇巷）谢氏祠堂内创设阅报所，摆放《苏报》《警世钟》《天讨》等革命进步书刊，以鼓吹革命。这里也成为爱国志士聚集之所。

舍小家为大家，为天下人谋永福

1905年，林觉民奉父命与陈意映结婚。陈意映为螺江陈氏子孙，父为光绪举人，家学渊源颇深，自小便受庭训，曾作《红楼梦》人物诗一卷，是一位出身世家的才女。陈意映比林觉民小一岁，二人成婚虽是父母之命，但因志趣相投，琴瑟合鸣，婚后生活很是幸福。一年后，长子伯新出生。

林觉民反对封建思想对妇女的束缚，提倡妇女解放，反对妇女缠足。为了让更多妇女接受新的思想，宣扬妇女解放的观念，他和堂哥一起在自家大院内创办了一所家庭妇女学校，动员自己的妻子带头入学，堂嫂、堂妹以及其他亲友也在其影响下加入课堂。林觉民亲自上课，他讲西方的新思潮，讲缠足陋习的危害，讲男女平等，讲妇女解放……这一切对身处内宅大院的女性们来说，新奇、震撼而具有吸引力。渐渐地，他的课取得了实质性的成效——林觉民的两个妹妹没有缠足；有亲友入福州女子师范学堂学习，成为该校第一届毕业生。

婚后两年，林觉民作别娇妻幼子，登上了东渡日本的航船。在日本庆应大学留学期间，他十分珍惜机会，夜以继日地攻读。和那一代所有的热血中国人一样，青年留学生们也时刻记得自己的祖国。不断被帝国主义列强瓜分的领土、饱受欺凌的人民，这些都像山一样压在每一个有良知的青年身上。爱国留学生常常聚在一起，讨论时政，相向啼泣。加入了同盟会的林觉民常常借机宣扬武装革命、建立民主国家的思想。他的演说慷慨激昂，说至沉痛时，自己也痛哭流涕、捶胸拍案，感人至深。

林觉民夫妇雕像

留学期间，每一年的寒暑假，他都回家看望父母和妻子。他对妻子珍爱至极，曾说："吾妻性癖、好尚与余绝同，天真烂漫女子也。"林觉民夫妻的居所是一座二层小楼，叫双栖楼。陈意映寄给林觉民的信笺落款常署“双栖楼主”，浓情蜜意令人称羡。

林觉民也利用回国的时间，积极联系爱国志士，发展革命组织。1911年春，在日本的爱国学生接到了黄兴从香港寄来的信，得知孙中山将再次领导广州起义。学生们精神振奋，纷纷要求参加起义。林觉民受派回福州联络爱国志士赴广州，他在非寒暑假期间突然回家，令其嗣父很是惊异。林觉民托词说学校放樱花假，陪日本朋友去江浙一带参观游览，搪塞过去。陈意映曾说：“望今后有远行，必以告妾，妾愿随君行。”林觉民答应了。但此次在家十来日，面对有孕在身的妻子他却开不了口，心中极为苦闷。

林觉民率领第一批人先行，抵达香港后，思及此次任务之凶险，又思及家中父母妻子，夜不能寐，披衣起身，挑灯写下两封绝笔信，书成，天已破晓。

广州起义失败后，林觉民被捕。数日后，林觉民英勇就义，一代英杰

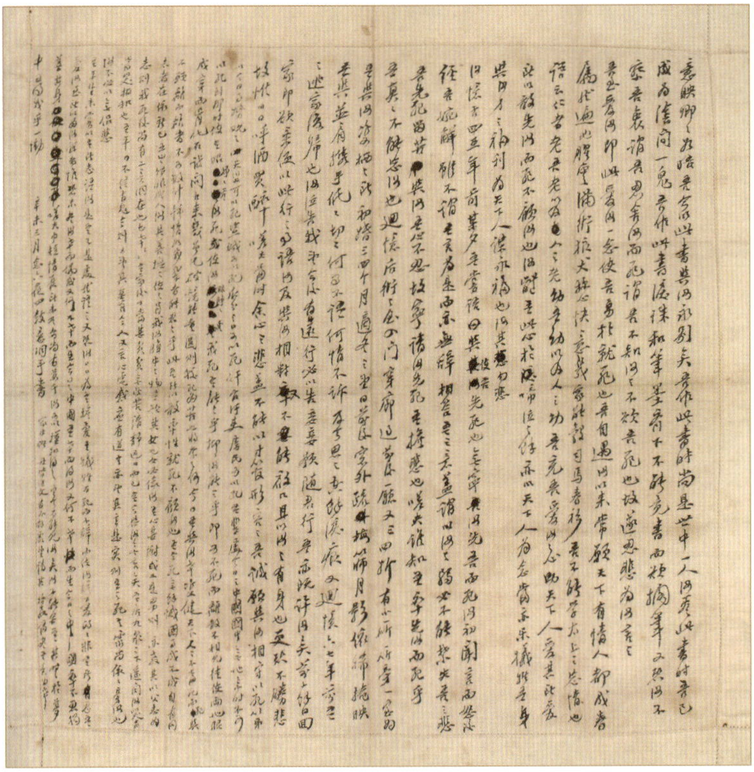

林觉民《与妻书》

就此陨落。时隔不久，仓皇卖掉祖屋、避居光禄坊一僻静住处的林家小门下，有人悄悄投进了两封信——林觉民的遗书终于送到了林家人的手中。陈意映阅后悲痛欲绝，因过度忧思，两年后陈意映也追随丈夫而去。

在给嗣父的信中，林觉民说："儿死矣，惟累大人吃苦，弟妹缺衣食耳，然大有补于全国同胞也。"他一心为国，已然顾不了小家。

而《与妻书》，字字情深意切，读来令人潸然泪下。

他向陈意映解释此行的初衷："吾自遇汝以来，常愿天下有情人都成眷属；然遍地腥云，满街狼犬，称心快意，几家能够？"

他劝她牺牲小爱谋天下人之大爱："吾充吾爱汝之心，助天下人爱其所爱，所以敢先汝而死，不顾汝也。汝体吾此心，于啼泣之余，亦以天下人为念，当亦乐牺牲吾身与汝身之福利，为天下人谋永福也。汝其勿悲！"

他又回忆与妻子的美好生活："初婚三四个月，适冬之望日前后，窗外疏梅筛月影，依稀掩映，吾与（汝）并肩携手，低低切切，何事不语，何情不诉？"

个人的幸福已然拥有，但为天下苍生的幸福，却不得不放弃，这种锥心刺骨之痛，岂可言说？舍小家而为大家，林觉民真乃中华民族顶天立地一汉子也。

家风评述

林觉民实为一代真豪杰，乃那个时代青年之希望、民族之希望也。为国尽忠、为家尽孝，在大家和小家之间取舍，在特殊的年代往往成就了英雄人物与非凡情感。林觉民短短的人生是壮阔的，也是充满悲剧色彩的。家庭、社会孕育了他的理想和信念；为了实现这种理想和信念，他牺牲了自己的家庭。正是有这些奋不顾身、前仆后继的先驱者们，才有了我们现在的幸福生活。

许地山

不慕名利落花生，爱国情怀入家风

许地山出生于台湾台南的一个爱国志士家庭。他的父亲和两位兄长都曾亲身投入到抗日保台的战斗中。从小沐浴在爱国主义的家风庭训中，许地山的心里充满着浓浓的爱国主义精神和对民生疾苦的深切关怀。无论为学、为文，还是为人，他都像一颗泥土里平凡的“落花生”，饱含着热爱国家的赤诚之心，并传递给他的后人。

许地山（1893—1941年），名赞堃，号地山，笔名落华生，原籍台湾台南。清廷割让台湾后，许地山随家人寄籍福建龙溪（今属漳州）。他毕业于燕京大学，是中国现代著名小说家、散文家，五四时期新文化运动先驱者之一。他一生著作颇多，作品有《缀网劳蛛》《空山灵雨》等。许地山的小说与散文开拓了新文学的创作领域，在中国新文学发展史上占有特殊的位置。

爱国情怀的传承

当年，在一个平常的院落里，闲花杂草悠然生长，一切都那么稀松平常。但就在这个园子荒芜的隙地上，因为一群孩子的辛勤劳动，迎来了一个收获的季节，也为中国散文酝酿了一篇名作——《落花生》。

这个园子是民国著名学者、作家许地山的家园，他的父亲是台湾著名的爱国诗人许南英。在《落花生》中的那个晚上，爹爹许南英在向孩子们讲述完花生的特点后，希望孩子们做个有用的人，不要做“伟大、体面的人”。

花生当然会开花，它的花朵在百花中有着自己别具一格的美。花生的用处也是多种多样，有很高的价值。同时，花生亦是低调而不张扬的，它只是把身子埋在泥土里，不慕名利，当人们需要它时，它随时奉献出自己的一切。许南英便是这样。许家是当年台南的世家望族。许南英是清代台湾三十多位进士之一，也是甲午中日战争后抵抗日寇侵台的爱国爱乡人士。当国家蒙难、家园遭侵之时，身为诗人的他毅然奋起，

许地山与家人合影（1940年）

振臂高呼，把自己积攒下来的私财作为军饷散给部下，投入抗击日寇侵台的斗争中。

日寇占领台南后，鉴于许南英的威望，欲拉拢他为己效劳，拉拢不成，又四处追捕。许南英不愿屈服，内渡前往大陆，之后还曾辗转东南亚，最后客死印度尼西亚。许南英无日不盼望故土台湾回归祖国的怀抱。1896年农历九月初三，这一天是台南沦陷一周年的日子，许南英望着大海对岸那一方故土，写下了《丙申九月初三日有感》："凉秋又是月初三，往事回思只自惭。汉代衣冠遗族恨，顺昌旗帜老生谈。血枯魂化伤春鸟，茧破丝缠未死蚕。今日飘零游绝国，海天东望哭台南。"诗中抒发了他心中对于家园沦丧的悲愤。在他的自惭自责中流淌的是深深的爱国之情。

3岁的许地山随着父母来到大陆，把籍贯落在了福建龙溪，福建成了他的第二故乡。父亲的拳拳报国之心在他的身上一脉相承。许南英经常告诫后辈"生于忧患，死于晏安"，他也常说："人当奋勉，寸晷不懈，如耽逸乐，则放辟邪侈，无所不为。到时候，身心不但没用，并且贻害后世。"这些话成为许地山心里的座右铭，常常回响在他的耳边。

许地山把自己的笔名起为"落华生"（古文"华"同"花"），他常常勉励自己做一个具有落花生品格的人。当抗日斗争风起云涌之时，当家园邦国遭遇侵略欺凌之际，许地山走出了书斋，满怀着爱国热忱投入这股洪流中。在他的笔下、在讲台上、在许多地方，我们都能看到一个为救亡图存而大声疾呼的许地山，爱国的家风在他身上流传、发扬。他不知疲惫地写作、演讲、参与社会活动，为抗日救国竭尽所能。1938年，中华全国文艺界抗敌协会（简称“文协”）在武汉成立，许地山是理事之一。他还积极筹建“文协”香港分会，并成为“文协”香港分会的负责人，为香港文艺界的抗日斗争做出了杰出贡献。皖南事变发生后，许地山与他人联名致电蒋介石，呼吁团结抗战，共同对敌。

作为一名学者和作家，许地山的爱国情怀也表现在他的民族自尊心和对民族优秀传统文化的保护上。有一次，一位身穿西服的中国人来找许地山帮忙。可是，他见到许地山却说着英语。许地山很生气，说中国人和中国人，为什么要说英语，便请他走。那人在院子里还冲着许地山的家用英语大声地又说又喊。许地山从窗子里又训了他几句，他才没趣地走了。“爸爸说，他最恨这种拿外国话抬高自己的人，也就是仗着外国人欺负中国人的人。”许地山的幼女许燕吉在多年以后对这一幕仍旧记忆深刻，并把这个场景写入了她的《我是落花生的女儿》一书中。

许地山和女儿许燕吉

在《造成伟大民族的条件》中，许地山说道：凡伟大的民族必拥有永久性的典籍和艺术……典籍和艺术虽然本身含有永久性，也得依赖民族自己的信仰、了解和爱护才能留存。古往今来，多少民族丢了他们宝贵的文化产品，都由于不知爱惜，轻易舍弃。抗战中，郑振铎希望把自己为国家搜购的数千部古籍存在香港。就在无人愿意伸出援手的时候，许地山帮助郑振铎把这些古籍存入香港大学冯平山图书馆，使得这些祖国的文化遗产在烽火硝烟中全都完好地保存下来。

许地山的一生并不长，只有49年。在3岁离开台南家乡后，他曾于1933年携夫人回到台湾，进行了一场寻根之旅。儿时的记忆在他的脑海里也许已然模糊，然而家园故土的概念却是那么清晰。许地山特意为家乡亲人准备了一份礼物，那是许南英的诗集《窥园留草》。这部诗集抒发了诗人的思乡之情，故土沦丧，诗人念乡，却不愿意臣服在侵略者的铁蹄之下，强烈的爱国之情跃然纸上。许地山希望用这份礼物激发故土亲友乡邻对于台湾回归祖国的信心，告诉他们中国必定能战胜侵略者，将其驱逐出祖国大地。

从许南英到许地山，爱国报国的赤子之心在他们的胸膛里跳动着。这股爱国的家风从历史的时空中飘来，凝结在那平凡却又绽放着生命光华的“落花生”里，感召着一代代中国人，去做一个于国于民有用的人。

家风评述

没有什么说教，许南英在家园沦丧之时奋力而起，抵抗外侮；他四处奔走，为驱逐日寇而呐喊……这一幕幕写成了一个家庭的爱国“教材”，将爱国主义情怀带入家风之中。在父亲身体力行的熏陶下，爱国成为许地山灵魂深处的印记，浸透在他的为人处世之中。并没有什么慷慨激昂的话语，也没有太多轰轰烈烈的壮举，许地山的爱国精神就像一颗落花生，平凡朴实，用一言一行诠释爱国的家风。

傅连暲

救死扶伤，身济天下

傅连暲将军是中国人民解放军医疗卫生事业的创始人之一，为我国医疗卫生事业的建设做出了突出的贡献。他救死扶伤，严于律己，要求家人不仅不能因其领导身份搞特殊化，还应处处起模范作用。其优良的家风值得赞扬和学习。

傅连暲（1894—1968年），福建长汀人。著名医学家，中国人民解放军医疗卫生事业的创始人之一，有“红色华佗”之称。傅连暲1938年加入中国共产党，历任中央苏维埃政府红色医院院长、中华人民共和国卫生部副部长、全国政协常委等职。1955年被授予中将军衔。傅连暲为中国人民的卫生事业做出了贡献。

世世代代，革命到底

傅连暲出生于福建长汀一个普通的贫困家庭，全家靠着租种地主的几亩薄田维持生计。少年时代，他在教会学校半工半读，1911年顺利考入了教会办的医科学校，1925年任汀州福音医院院长。

1925年底，傅连暲结识了邓子恢。邓子恢送给他一本瞿秋白主编的《新社会观》，对他的思想产生了极大的影响。他开始倾向于革命。1927年8月南昌起义爆发后，傅连暲收留了陈赓、徐特立等300多名伤病员在福音医院治疗。1929年3月，毛泽东、朱德和陈毅率领红军占领汀州城，傅连暲带领全院医护人员积极救治红军伤员。

1934年，傅连暲随军长征，在极其艰苦的条件下救治了许多红军将士。由于条件限制，他不得已将自己的妻子和三个子女留在了福建苏区，之后便失去了联系。南昌解放后，陈赓了解到傅连暲长子傅维光在南昌医院当医生，派人将傅维光送到北京，与父亲相见。

傅维光回忆，父亲是一个严肃认真的革命前辈。两人阔别多年，一

傅连暲与延安中央托儿所孩子合影（1941年）

见面，傅连暲便把《毛泽东选集》交给儿子，让他好好学习，从书中寻找真理。

自己的孩子即将出世时，傅维光曾经请父亲为孩子取一个名字。傅连暲建议起名“永东”。但傅维光却很犹豫，认为“永东”是个男孩名，万一生了女孩就不好用了。傅连暲却觉得这个名字“男女通用，非用这个名字不可”，他说：“这不是一个普通的命名问题，而是对革命第三代的希望和要求。”“永东”这个名字，意味着家族的世世代代，永远跟着毛泽东闹革命，直到世界上的劳苦人民都彻底得到解放。

傅维光还提到，家里人彼此都很忙碌，聚会聊天的机会并不多。但父亲常常安排时间，让兄弟姐妹们聚在一起，听他讲他是如何在毛主席的领导下，走上革命道路的。提到这件事，傅维光不无感慨：“如果说革命家庭有家训的话，这大概就是我们的家训吧！”

不搞特殊化，“一定要在群众中处处起模范作用”

傅连暲对子女的教育很严格。在他的言传身教下，子女们从小都立志学医，救死扶伤。

与儿子傅维光重聚时，傅连暲便告诫说：“你千万要记牢，绝不能以为父亲当部长，儿子就可以高人一头，搞特殊化。不，做一个革命家庭的子弟是不容易的，责任更大，要求更高，一定要在群众中处处起模范作用。”他还经常教育子女要懂得劳动人民的疾苦，要从“劳动大学”中学习，培养亲近劳动人民的思想感情。

傅连暲与家人合影（1950年）

对于自己的亲属，傅连暲要求也十分严格。傅连暲有几个同胞姐妹生活在长汀，家境都比较困难。傅连暲用自己有限的工资接济她们。其四姐的儿子曾跟随傅连暲学医，后经傅连暲介绍参加红军，在长征前夕牺牲。有人劝她们通过傅连暲向有关部门反映一下，以改善生活条件，但她们说：连暲讲过，只要日子过得去，就不要给政府添麻烦，尽量自己解决。

1966年，傅连暲接到家乡来信，告知其祖坟地在农田水利建设规划范围内，建议迁葬。傅连暲明确表示，应以地方建设为重，服从当地政府决定，并当即叫在上海工作的次子傅维康回长汀处理。傅维康遵照父亲的嘱托，将祖父母同另外六位亲属的坟墓合迁于同一地点。这样既节约了用地，又便于管理，得到家乡人民的赞赏，一时在当地传为佳话。

傅连暲一生刚正不阿，救死扶伤，为建设我国医疗卫生事业做出了突出贡献。不仅自己在工作中、在为人处世上能够起到模范作用，他对子女也要求处处起到模范作用。在他的教导下，子女们都严于律己，不搞特殊化，并都从事了与医学相关的职业，其中次子维康成为著名的医学史专家，其所著的《中国医药史漫话》和《中国针灸史话》等，受到国内外学术界的肯定和好评，并被译成多国文字出版。

傅连暲工作过的福音医院旧址

家风评述

傅连暲是一位伟大的无产阶级革命家，亦是一位伟大的医者，可谓“一生尽职，心系人民”；子女在其影响下也走上了与医学相关的道路，则是“两代从医，身济天下”。

林语堂

文章可幽默，做事须认真

乐观、淳朴、开明、坦荡的家风造就了一个“两脚踏东西文化，一心评宇宙文章”的林语堂。他负笈欧美，耐守清贫，潜心向学；他爱国爱民，对反动政府不仅口诛笔伐，还上阵对抗；他创办幽默杂志，提倡幽默文学，文风闲适风趣，独抒性灵，别具一格，领一时风骚。

林语堂（1895—1976年），福建龙溪（今属漳州）人，原名和乐，后改玉堂，又改语堂，著名文学家、翻译家、语言学家。曾创办《论语》《人间世》《宇宙风》等刊物，积极推进小品文创作，主张“幽默”“性灵”，被称为幽默大师。林语堂致力于向西方传播中国文化，大力倡导并身体力行“东学西渐”的文化观和“送去主义”的译介观，用英语创作了《吾国吾民》《京华烟云》《风声鹤唳》等享誉世界的作品。特别是《吾国吾民》，短短4个月就创造了重印7次的奇迹。他还翻译了大量中国诗词和古代文学作品，为促进中西文化交流做出了卓越的贡献。他曾两度获得诺贝尔文学奖提名。

乐观豁达，开朗幽默

林家世代为农，到了林语堂的父亲林至诚一代，因林语堂祖父被抓去当挑夫后杳无音信，无力抚养的祖母将幼子送人，长子林至诚被留下来。9岁就失去父亲的林至诚，小时过得极为清苦，农忙时辛勤劳作，农闲时做小贩为生，挑着竹笋、柴火等四处贩卖，常年扁担不离肩，肩上磨出了一个肉瘤。但他并不以为苦，常让子女摸摸这个肉瘤，还将当小贩的趣事讲给孩子听。

这种乐观豁达、开朗向上的生活态度深深地影响了林语堂。他携妻子留学欧美时，曾经因奖学金迟迟未发、妻子开刀住院，生活一度陷入困顿，曾靠一罐麦片生活了一个星期，但他并不以为苦。他创办第一本幽默刊物《论语》的初衷，一则是为了在特殊时期让大家可以无拘无束地谈天，消消闲心；二则他认为，从人生和生命的角度来看，越是在政治险恶、社会不公和生活艰难的环境中，就越应该身心健康、精神快乐，并充满理想和希望地活下去。林语堂提倡的“幽默”，不是单纯的搞笑滑稽，而是体察生活、参悟人生之后的亦庄亦谐，包含悲天悯人之心，在当时文坛引起了一阵轰动，惹得其他杂志纷纷效仿。

富有理想，敢于创新

林语堂的父亲林至诚是一个富有理想的人，十三四岁开始自学，后来基本能读懂诗文、能写文言，24岁进教会学习神学，被教会派往平和县坂仔乡“启蒙伴读兼传福音”，身兼乡村教师、牧师之职。林至诚长期受基督教影响，思想开明，他一面以四书五经、唐诗宋词等作为孩子的教材，一面设计着将他们送进教会学校直至出国留学的理想方案。他先后将孩子们送到了厦门鼓浪屿养元小学、厦门寻源学院、上海圣约翰大学等教会学校读书。他常常给孩子们讲哈佛、牛津、柏林等大学的情况，盛赞大学的好处，介绍各国的风土人情、科技知识。

林语堂父亲林至诚

在这样的家庭环境中长大的林语堂，从小就展现出勤于思考、勇于创新的一面：因惊叹于中医药粉治疗外伤的神奇功效，自己采了些不知名的草药，“发明”了“好四散”；梦想当教授，将所学知识传到世界的每个角落，经常把哥哥姐姐当学生，爬到土堆上给他们讲故事；梦想当发明家，苦苦钻研几个月，试着通过虹吸原理制造一台抽水机，以解决家中厨房用水问题；梦想当世界闻名的大作家，8岁即自编教科书，一页课文，一页插图，惹得兄弟姐妹争相传阅。

这种敢于梦想、勇于探索的精神融入了林语堂的骨子里。他创制的“首笔检字法”，为当时的人提供了很大的便利，成为一些汉语字典的检字法，也被广泛用于其他辞书，得到了很高的评价；他闯荡上海滩时，独辟蹊径，从编辑《开明英文读本》到创办多本同仁杂志，不但获利颇丰，还在文坛打响了自己的招牌、站稳了脚跟。

林语堂和林太乙演示打字机于纽约

1947年，林语堂决心发明一部简单易操作的中文打字机。近十万字的设计说明，几十幅蓝图，多次通宵修改，耗尽12万美元积蓄后向银行借贷，还与爱妻起了争执……这些都没有吓退林语堂，5月22日，凝聚着林语堂心血的中文打字机终于问世。机器依据由“首笔检字法”改进的“上下形检字法”设计键盘，每分钟最快能打50个字，简单学习后即能操作。

善良淳朴，不忘初心

林至诚目光远大，尽管家贫，却全力支持孩子们学习，希望他们走出大山、走向世界。林语堂17岁考入上海圣约翰大学，实现了父亲的夙愿，但100银圆的学费对当时的家庭来说无疑是笔巨款。林至诚整个暑假都在为筹措学费奔走，最终他曾经帮助过的学生陈子达雪中送炭，助他家渡过难关。陈子达小时家中很穷，四季都是光脚上学。林至诚心善，每年冬天送他一双新鞋。陈子达后来生意做得不错，得知林家有困难，亲自将钱送上门。当时的林语堂无比感动，既感念于陈子达知恩图报，体会到人与人之间的守望相助，也感动于父亲的善良淳朴，以及对自己学业的鼎力支持。

林语堂也传承了父辈身上这种善良淳朴的品质。有一次林语堂带二女儿林太乙在花园中看见蜘蛛织网，他告诉女儿："蜘蛛不显山不露水，总在一个角落里辛勤耕耘，很值得我们人类好好学习。"又说："世界上的每样东西都有它应在的地方，都有它不可替代的作用，也都有它的长处和美丽。我们一定不能瞧不起其他任何物种，哪怕是这个小小的蜘蛛。"此时的林语堂可以说是著作等身、载誉无数，但他仍然保持着最初的那份质朴，并没有不可一世、睥睨众生。

林语堂与家人合影

率性洒脱，思想开放

林语堂基本是按照自己的心意生活的，嬉笑怒骂，快意恣肆，始终保持本心。曾有人问他《红楼梦》里最不喜欢谁，他不假思索地说："妙玉，一个色情狂的小尼姑！"原因是她带发修行，未斩断世俗情缘，却要压抑自己的情欲，装作不食人间烟火的样子，产生了满腹哀怨的扭曲心理。显然，林语堂是从本心的角度出发来评价妙玉的。

林语堂率性洒脱，思想也十分开放。他不但自己参加社会活动，还带着女儿一起参加，让她们增长见识。林语堂常说："不要认为什么东西都能从学校里学到。其实，社会是个大学堂，在这里孩子才能学到真正的知识，体会到真实的人生。"

家风评述

林语堂成就的取得，与良好的家风家教分不开。他将这良好的家风传承、发扬，对女儿的培养教育也十分开明。可见，良好的家风受益的不仅是一代人。

邓子恢

勤俭朴素，自立自为

从五四运动走向创建苏区，从留洋的知识分子转变成为植根农村大地的革命者，告别军旅投身祖国的经济建设，每一次面对陌生、每一次走向成熟，无不是邓子恢在朴素的生活中追求真理、在自立中超越未知的尝试。而这份宝贵的精神财富，通过家庭的言传身教，依然鲜活地流传在他的后人之中。

邓子恢（1896—1972年），又名绍箕，福建龙岩人。闽西苏区的创始者和领导者之一。中华人民共和国成立后，他曾担任中共中央农村工作部部长、国务院副总理等职务，是第四届全国政协副主席。他为探索我国农村和农业的发展道路做出了杰出贡献，被誉为“中国农村变革的先驱和开拓者”。在20世纪60年代初，邓子恢主张实行符合农民利益的“包产到户”原则，虽然受到了批判，却成为十一届三中全会之后联产承包责任制的先声。

邓子恢共有九位子女，他们都受父亲的影响至深。而艰难岁月中深刻的生活体验，成为邓子恢教育子女的思想源泉。作为革命者的他，有着追寻进步的执着。关于此，女儿邓小梅有着一段难忘的回忆。1938年，邓子恢所在的新四军奉命北上抗日，邓小梅被留在了后方。1950年，邓子恢到中南局负责工作，邓小梅终于有机会与父亲团聚。十多年未见，邓小梅十分激动，她穿着一套崭新的衣服出现在父亲面前。看到当年的小姑娘成长为革命干部，邓子恢十分高兴，但看着一身新装的女儿，他语重心长地讲出了自己的一段经历：大革命失败后，邓子恢从江西回到龙岩，身着长衫、头戴礼帽的他去发动贫苦农民参加农会，没料到谈不上几句，他们就一个个走开了。邓子恢琢磨了一段时间，才发现自己的装束让别人不能亲近，于是他干脆找来一件粗布对襟的衣服穿起来。老乡见到他不仅不跑，还和他聊起了家常。听到这个，邓小梅意识到父亲是担心自己在和平时代注意力发生转移，不再积极要求精神的进步。回到寝室，邓小梅马上换成了平日的打扮。

朴素，也许是坚持精神追求，做到心无旁骛的最好办法。新中国成

邓子恢与家人合影

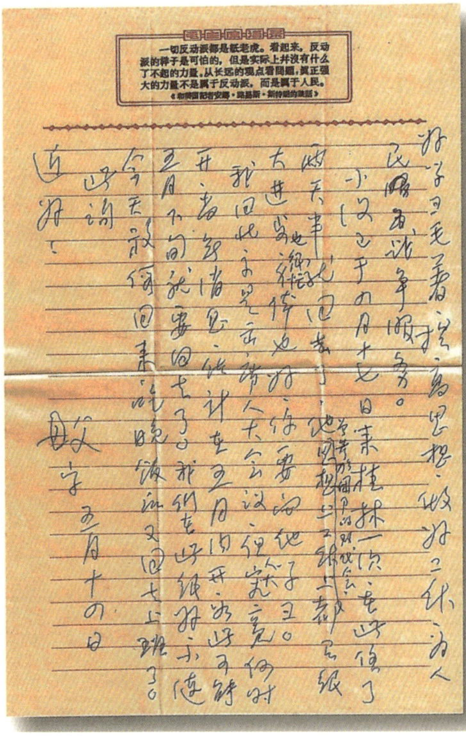

毛主席语录

一切反动派都是纸老虎。看起来，反动派的样子是可怕的，但是实际上并没有什么了不起的力量。从长远的观点看问题，真正强大的力量不是属于反动派，而是属于人民。

《和美国记者安娜·路易斯·斯特朗的谈话》

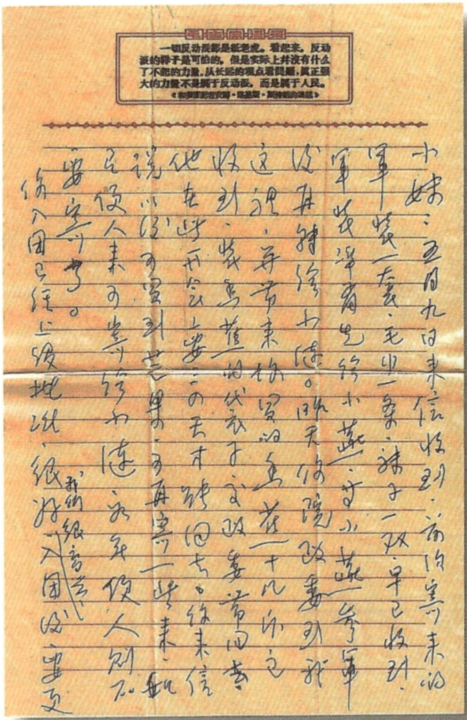

毛主席语录

一切反动派都是纸老虎。看起来，反动派的样子是可怕的，但是实际上并没有什么了不起的力量。从长远的观点看问题，真正强大的力量不是属于反动派，而是属于人民。

《和美国记者安娜·路易斯·斯特朗的谈话》

邓子恢写给女儿邓小兰的信

立后，告别戎马生涯的他，有更多的时间与家人共享天伦之乐。在儿子邓淮生的记忆里，父亲的教育，“并没有特别地跟我们讲”，而是以身作则。邓子恢生活十分简朴，除非重大节庆或接见外宾，平时总是一身粗布衣装，脚蹬一双布鞋。在身边工作人员的回忆里，邓家的子弟与他们分享一个灶上的伙食，而国家配给邓子恢的汽车，除非公务，家人不得派车、不得使用公用汽油。甚至是1971年他重病之际，女儿邓小梅来京探望，也得自行解决交通问题。他希望子女凡事自立自为，一生未有例外。

在邓子恢逝世将近半个世纪后，儿子邓淮生在接受采访的过程中，提到了父亲影响他一生的话：一个人要自立于人世中，首先你这个人必须要有文化，要学习，要有知识，你才能够有前途。第二，你必须要有自立的精神。什么叫自立的精神？比如你自己要能够生存，自己能够养活自己，要自己能够被社会所承认……

如今邓淮生已年过七旬，他也步入了人生的总结期，而父亲为他树立的标杆——所有事情能够自己做下去的，不去靠别人，在自己的努力和学习中解决问题——依然是他人生的信条，也是他传递给自己后人的一笔可贵财富。

家风评述

自立是成功的第一步，是走向成功的基石；勤劳俭朴，是追求理想、不断进取所应具备的最基础的品质。邓子恢是优秀的共产党员、杰出的领导人，在多个领域都做出了杰出贡献，但他教给子女的却是如此简单而朴素的道理。大道至简，即使是在社会有极大进步的今天，自立和勤劳俭朴依然是极重要的品格。知易行难，后生努力。

郑振铎

爱书护书，一脉相承

郑振铎自觉承担起自己“文化人”的角色，在战争期间保护国家的文化遗产。他很支持国家的文化事业，将自己毕生收藏的珍贵图书献给国家，这种无私的、散发着文人“书香气”的可贵精神必将传承下去。

郑振铎（1898—1958年），福建长乐人，生于浙江温州。他是我国现代著名作家、文学史家。郑振铎是文学研究会的发起人之一，参加创办了《文学周报》，曾任上海商务印书馆编辑、《小说月报》主编、《公理日报》主编等，并扶持、帮助过老舍、巴金等作家走上文学道路。抗日战争期间，郑振铎为抢救、保护我国文化文物资源做出了重要贡献。中华人民共和国成立后，历任第一、二届全国政协委员，文化部副部长、文物局局长等职。代表作有《文学大纲》《中国俗文学史》《插图本中国文学史》等。

1996年，年近花甲的郑尔康捧着新近出版的《郑振铎书话》一遍遍地翻看着，止不住心中的喜悦。在这部书中，他写了一些文字，介绍了父亲郑振铎与书打交道的历史，并评价道：

先父郑振铎一生“爱书如命”。他以一介寒儒，常常倾其囊中所有来买书，而他的买书又绝不仅仅是“癖”，这和他的研究工作及关心祖国的文化是息息相关的。人们从他撰写的书话中，可以时时感受到他的灵魂与书的撞击，倾听到一位爱国者的心声。

郑尔康是郑振铎的独子，前半辈子跟着父亲，在大半个中国“闯荡”。他理解了父亲对中国前途命运的担忧，阅读过父亲以心血换得的文章，见识了父亲在文学评论、翻译事业、艺术史研究、训诂考证等方面的功力，但还有一个方面让他记得很深，那就是郑振铎对书籍的热爱，对国家文化和文物事业的奉献。

寒门出士人

郑振铎出身于贫寒之家。虽然祖上也当过大官，但至他这一辈，家

郑振铎夫妇

道已经衰落了。八九岁那年，家里想尽办法送他上私塾读书，他很珍惜机会。由于家境清寒，郑振铎冬天时也只穿一身薄衫。因过于寒冷，常常冻得流鼻涕，同学们嘲笑他，给他起了“鼻涕佛”的绰号。郑振铎不理会这些，只是一心读书。对书籍的热爱，就此打下基础。

以后，郑振铎的读书之路愈来愈广，从中学、大学，到商务印书馆，再到其他职业，他与书籍的渊源日深，对书籍的感情也越来越深厚。从20世纪20年代到30年代，郑振铎逐渐奋斗成为翻译家、文学史家、著名刊物编辑。他的“书籍事业”一直蒸蒸日上，似乎将要成为“火红的太阳”了。

战争中的义举

1937年，抗日战争全面爆发。战火遍布九州，江南地区尤为惨烈。这里是我国文化程度较高的地区，很多名家大族都有藏书传统。但是，战争时期，这些家族生活之源变得狭窄，甚至断了生活来路，于是只好变卖家中之文物。有些市侩书贾，趁着国难，钻空牟利，他们低价买进珍贵文物、稀有古籍，然后再高价卖给英、美、日、德等外国人。这种恶劣的情形有愈演愈烈之势，单美国国会图书馆已经购进了千册之多。当时路透社华盛顿的电文就说，中国目前的局势，将会与千年前罗马陷落时的情况一样，其后果将与“欧洲发生400年黑暗时代之情形相似”。郑振铎知道这些情况后，心里很焦急。他要为中国文化文物的保存做一番工作，这是很基础的工作，但其深远的意义不亚于一个民族在战场上的胜利。

《脉望馆钞校本古今杂剧》是一个典型的例子。该书存杂剧二百多种，是迄今为止收录古代戏曲最多的珍本，是研究元明戏剧史的极重要史料，意义重大。1937年，郑振铎得知苏州书肆竟然出现了这部书。他欣喜异常，热情地筹钱准备去购买，后来发现书籍被人买走，他的心情低落到极点。但最主要的是，他一直担心这部书被外国人买走，从此我国就可能失去一个“文化宝库”。几经周折，郑振铎寻访到了这部书，但书贾开价近万大洋。郑振铎四处奔走，从教育部、北平图书馆馆长等处筹到了钱，买到了书，这件国宝终于留在了神州大地。此书的发现，其重要程度不亚于敦煌石窟经卷和西陲汉简的发现，郑振铎为保护我国传统文化遗产劳心劳力，做出了极大的成绩。

在战争时期，郑振铎所做的何止一件事。以下是郑振铎在《求书日录》的前言中的话：

> 假如有人问我：你这许多年躲避在上海究竟做了些什么事？我可以不含糊地回答他说：为了抢救并保存若干民族的文献。这文献工作，没有人来做，我只好来做，而且做来并不含糊。我尽了我的一分力，我也得到了这一分力的成果。在头四年里，以我的力量和热忱吸引住南北的书贾们，救全了北自山西、平津，南至广东，西至汉口的许多古书与文献。没有一部重要的东西会逃过我的注意。我所必须求得的，我都能得到。那时，伪满的人在购书，敌人在购书，陈群、梁鸿志在购书，但我所要的东西决不会跑到他们那里去。我所持剩下来的，他们才可以有机会拣选。

这可以说是他对自己保护文物工作的一些总结。我们可以看出，郑振铎是如何尽心尽力，遇到的困难、风险又如何之大。然而，秉着对书籍的热爱，秉着对国家事业的忠诚，郑振铎创造了一次次不可磨灭的功绩。叶圣陶曾经佩服地说道：“当时在内地的许多朋友都为他的安

郑振铎与家人合影

全担心，甚至责怪他舍不得离开上海，哪知他在这个艰难的时期，站到自己认为应该站的岗位上，正在做这样一桩默默无闻而意义极其重大的工作。”

“毁家”护文物

郑振铎为了这些书，可谓是“毁家”了。郑尔康曾在一次采访中说，父亲有一种对藏书的癖好。他说，父亲郑振铎总是把基本的生活费用留出来，将剩下的大部分收入都用于买书。母亲高君箴一直希望能多些钱改善生活，但郑振铎每次都让她很失望。拿到钱后，郑振铎就雇一辆黄包车，拉一车书喜洋洋地回来。虽然生活因此过得比较清贫，但是这种对书籍的热爱、保护，却形成了一种独特的精神力量。

他从不藏私，想到的都是如何支持国家的文化建设，如何保护国家的珍贵文物。因此，在很长一段时间里，他经常把自己辛辛苦苦、花了血汗钱搜集到的书籍献给国家。

郑尔康对此也很理解。父亲这种奉献于公共事业的精神，已经成为他内心的一种力量。郑振铎过世后，郑尔康将家中的10万册贵重图书捐献给国家。他知道，这才是父亲的愿望，这才是一个“知识分子之家”应该有的态度。在人生的道路上，郑尔康继承了父亲对书籍的热情，为我国的文化事业默默付出，真正实践着郑家的“书香气”。

家风评述

我国知识分子有一个良好的传统——忧国忧民，郑振铎即是如此。他倾力于保护国家的文化遗产，为文化事业的发展尽心尽力，是一位真正的文化人。

冰心

有了爱，就有了一切

冰心生活的年代，横跨整个20世纪。她的作品陪伴了整整四代读者。她的爱点亮了喜欢她的读者心中的明灯——“有了爱，就有了一切”。

冰心（1900—1999年），原名谢婉莹，福建长乐人。我国现代杰出的儿童文学作家、诗人、翻译家。代表作《繁星》《春水》《超人》《小橘灯》《寄小读者》《再寄小读者》等。冰心崇尚“爱的哲学”。她非常爱孩子，把孩子看作“最神圣的人”。她的作品中充满了对大自然的热爱以及对童真的歌颂与赞美。

世界上一切的问题，都是相连的。要解决个人的问题，连带着要研究家庭的各问题，社会的各问题。要解决眼前的问题，连带着要考察过去的事实，要想象将来的状况。——这千千万万，纷如乱丝的念头，环绕着前后左右，如何能不烦躁？而且“不入地狱，不能救出地狱里的人”。——“不失丧生命，不能得着生命”。

这是冰心在《一个忧郁的青年》这篇文章中的一段话。不错，它刻画了一个有志青年的形象，怀着苦闷，不得自由。我们看到，这位忧郁的青年，心中念的是社会的种种问题，但不知如何解决、如何实践。这实在是一个难题。

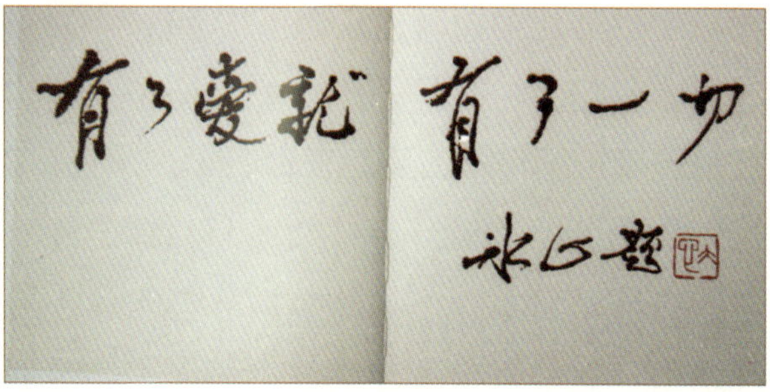

“有了爱就有了一切”，这句话被印在冰心的名片上

但现实中，冰心以自己的身传言教给出了示范。她认为，我们应

该以“爱”解决社会上的种种问题。20世纪30年代，著名作家阿英就将冰心的这种态度概括为“爱的哲学”，这看起来好像很玄乎。其实，从本质上讲，冰心的“爱”，就是对一切生命的尊重，对一切美好的向往。

爱“敌人”

1900年10月5日，冰心出生于福州。但孩童时的冰心，有一大段时光是在山东度过的。这是因为其父谢葆璋是职业军人，担任海军军官，长期驻扎在山东省烟台地区，守卫海疆。

1894年，日本帝国主义者蓄意发动甲午中日战争。谢葆璋在一艘舰船上司枪炮二副，参加威海卫海战，生命朝不虑夕。当时，他的妻子（即冰心之母）杨福慈在福州故宅，多次听闻海战凶耗，一直担心谢葆璋的安全。甚至，她还悄悄买了鸦片，如果夫婿为国舍命，她就服毒自杀。可以说，日本人发动的这场战争，实在将一个普通人家搞得不得安宁。谢葆璋后来常对冰心说起这段往事，辛酸在所难免。

1937年，日本军国主义者又发动全面侵华战争。这场战争，让冰心一家四处逃亡。从北平到云南，从云南到重庆，一直不得安居。更重要的是，生命得不到保障。

因此，对战争，对日本侵略者，冰心是痛恨的。这很自然。但是，可贵的是，冰心的这种恨不是无边界的。她骨子里是一个充满“爱”的人，她甚至关爱日本普通民众的生活。

冰心女儿吴青就曾说过：“我的外公谢葆璋参加过甲午战争，抗击过日本侵略军，我妈妈十分痛恨侵略中国的日本人，但她也同情那些因战争而受苦的日本人民。”1946年，冰心一家曾住在日本。吴青这时候还是一个小孩，甚至有点“顽劣”。她曾经骑着自行车，带领一帮小孩，“追打”着日本孩子。此事被冰心知道。她非常严厉地制止这类事情，并且很认真地解释了一番政府和人民的区别。军国主义者固然可恨，然人民却需要爱护。唯有爱，才可避免战争的悲剧。

爱学生

或许，有的人会说，这样的“家国大事”离我们比较远。是不是说，冰心的“爱”，常人难及呢?

冰心参加工作后，曾在燕京大学任教。她的丈夫吴文藻亦在这所学校当教师。夫妻两人有许多门生。为了了解学生，冰心要求选修她所开课程的学生要先写一篇千把字的自传。就这样，通过学生的文章，冰心就大致了解了学生的情况，方便以后对学生因材施教。学生有什么困难，都可以去找她。她总是将爱慷慨地给予有需要的人。有的学生遇到不顺的事，冰心给他开导；有的学生是从农村来的，生活捉襟见肘，冰心就出手帮助，比如萧乾，就是由冰心介绍找了一份抄写员的工作……

在冰心的家里，摆放着这么一张小凳子。每当家里有小朋友来的时候，冰心就会坐在这张小凳子上跟他们欢快地交谈，因为她认为“应该跟小朋友平起平坐”

对丈夫吴文藻的学生，冰心也很关心。他们有些人的恋爱、结婚，是冰心牵线的。甚至他们生了孩子以后，是冰心帮忙起名字的。对学生们，冰心倾注了无限的爱。

耳濡目染之下，吴青当上教师后也学起了冰心的这一手功夫。通过了解学生的家庭背景、薄弱环节、日常生活等，吴青再施予帮助。她爱护学生，学生也喜欢吴青。更重要的是，这些学生毕业后，自觉参与了环保、促进教育公平和社会正义等事业，将“爱”传递开来。这是冰心“爱的哲学”之初衷，亦是改变这个世界的一个途径。

爱社会

1995年，《冰心全集》出版了，冰心得到了9万元的稿费。她将这笔钱捐给了《农家女百事通》杂志社，以此成立农村妇女教育与发展基金。我们都知道，农村贫困地区的妇女，由于教育、性别等原因而陷入困难的并不在少数。她们的人生、她们的世界，需要更多的关注。但是，说归说，认识归认识，能够真正行动起来的人，才是改变世界的“勇士”，是内心充溢悲悯、爱护之情的“天使”。冰心是这样的人，她的“爱”在祖国山河大地中，在生活于这片土地上的普通人中。“爱的哲学”至于此地步，何人不被其感动！

冰心与家人合影

吴青亲见母亲的行动，难以忘怀，她继承了冰心的愿望、意志，无私贡献于此事业。吴青曾说过：“要改变中国，就要改变农村；要改变农村，就要改变妇女。教育一个妇女等于教育了一家人、几代人。在中国的农业劳动力中，妇女占70%以上，80%以上的妇女都有妇科病。我的任务就是要像妈妈一样，好好地办学、努力地筹款，使更多的农村姐妹能分享到教育改变人生、改变社区的成果，过上人的生活。”

多年来，吴青致力于公益事业，提高了妇女的社会性别意识、促进了社会的公平正义，因此获得了“亚洲诺贝尔奖”——菲律宾麦格赛赛公共服务奖。吴青的精神固然伟力卓绝，然追根溯源，则在于冰心的熏陶。

或许，我们还可以了解一下冰心之“爱”的一点趣事。冰心的“爱”有两个地方非常特别：第一，福建人，特别是长乐人，要她做什么事，只要是对的，她绝对不会拒绝；第二，孩子、教育方面的事情，她也绝对不拒绝。“她的爱总是‘给予’”，这是吴青对冰心的一个总结。冰心一手给了家乡人特别的“爱”，一手给了孩子、国家未来特别的“爱”。

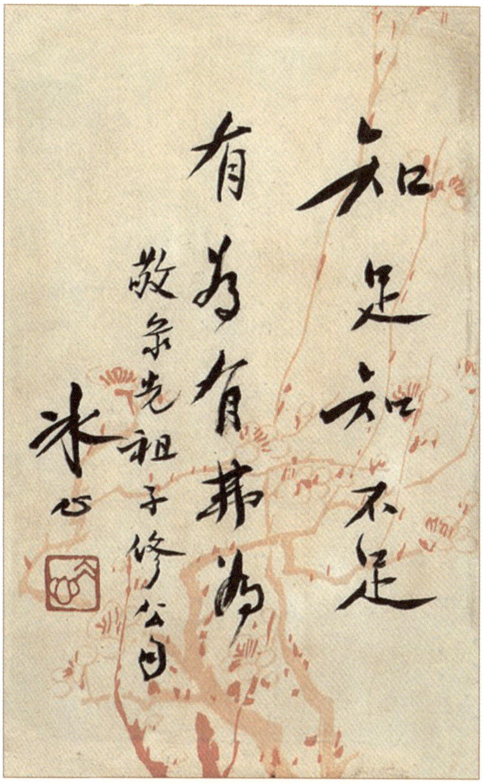

冰心手书祖父联句

家风评述

“知足知不足，有为有弗为”，这是冰心祖父谢銮恩亲笔书写的自勉词，他也要求冰心永远记住这十个字，努力去实践。时间如长河，境遇总不同，然坚守一点，节奏就不会乱。冰心的“爱”，就是这个点，和其祖父的家风是一脉相承的。

张钰哲

不知者以为苦，知之者以为乐

张钰哲一生仰头望天，探索深邃的太空，建设、发展中国天文事业。他用自己一生的实践向孩子们传递着坚韧、担当、奉献和爱的品格与人格魅力。

张钰哲（1902—1986年），福建闽侯人。天文学家，中国科学院院士，中国人自己发现的第一颗小行星——“中华”小行星的发现者。张钰哲长期致力于小行星和彗星的观测，他和他所领导的行星研究室发现了百余颗获国际永久编号的新小行星和4颗新彗星。他奠定中国天体力学轨道计算和人造卫星轨道研究工作的基础。张钰哲曾任中国科学院紫金山天文台台长。

网上曾有人问，天文学家的世界是什么样的。可能因为从事天文学的行家里手都没空，我们没有在这个问题下看到专业人士的回答。可是，家里有一个身为天文大家的父亲会是什么样呢？这真是一个有意思的话题。出生于福州的大天文学家张钰哲给了我们一个令人深思的答案。

作为中国现代天文学主要奠基人的张钰哲，在中国天文史上留下许多“第一”：1928年，他发现了一颗小行星，并命名为“中华”，这是中国人自己发现的第一颗小行星；1941年，他组织拍摄了中国境内的第一张日全食照片；他第一次提出从研究哈雷彗星的回归，来解决“武王伐纣”究竟发生在哪一年的历史悬案。中华人民共和国成立后，张钰哲一直担任南京紫金山天文台台长，直到1986年去世为止。他开创并领导了多个领域的天文学研究，取得多项重要成果。世界同行对他的

张钰哲纪念邮票

成就极为重视和尊崇。与这些载入史册的成就相比，张钰哲在家里则显得沉静了很多。正如他的儿子张群华所言，父亲“是个沉默寡言的人，一生中有一大半时间是在思索：探索科学真理或是考虑社会问题。他很少教训子女”。寡言少语不代表对孩子没有教育，成年后的张群华认为：“从他献身科学、治学严谨的精神，到为人处世的原则，都给我留下了深刻的影响。这就是‘言教不如身教’吧。”

那张钰哲有着怎样的身教呢?

书是命根子，不舍不弃

在张钰哲家里，除了必要的简单家具外，大部分是书。他常对他的孩子说：“书是取得成功的阶梯，是知识的源泉，没有书，想攀登科学高峰是不可能的。书是我们的命根子啊！”

买书读书是张钰哲的必修课。在美国学习时，除了必要的开支，他把剩下的钱都用来买书。有一次，他去很远的地方买了十几本书，连回来的路费也用光了，结果，他背着书，走了一夜回到住处。

1929年，张钰哲结束了在美国的学业，准备回国了。临行前，将自己省吃俭用攒下的100美元交给了导师，请他代买些天文方面的书籍。导师见他态度诚恳，就答应了下来。回国以后，他经常收到导师给他寄来的天文学资料和书籍。

对于读书，对于天文观测，他不止一次对孩子们强调：“不知者以为苦，知之者以为乐也。”

责任担当，从一而终

张钰哲出生于一个普通的职员家庭，但他的目光却定格在浩瀚无垠的天际；他成长于贫寒艰苦的环境，他的双手却撑起璀璨闪耀的星空。这一切都源于责任和担当。张钰哲最初在清华大学学机械工程，但当他了解到天文学在中国后继乏人的现状后，毅然决然地转考芝加哥大学天

张钰哲在工作中

文系。他怀抱救国的雄心，克服学习和生活上的种种困难进行天文学研究。在学成归国时，国内还没有天文学科，他只能受聘于南京中央大学物理系，但他多方争取，开设天文学、天体物理学和天体力学等课程。1934年，张钰哲暂别还不到一岁的儿子，一头扎进中国第一座现代天文台——紫金山天文台的建设。1941年，张钰哲受聘担任已经西迁至昆明的天文研究所所长。这里研究设备简陋，生活条件艰苦。张群华清晰地记得，抗战期间生活不安定，还要不时躲避日机的轰炸，父亲自己一个人在昆明艰苦奋斗，种下了胃溃疡的病根。但就是这样艰苦，他也没有抱怨，他在给妻子生日的贺词中写出了自己对祖国事业的一腔热忱："圣战方殷，敢耽家室之乐？步天有责，难辞蛮瘴之行。"1941年9月21日，在战时极端困难的条件下，他率领中国日食西北观测队赴甘肃临洮开展我国境内第一次日全食的科学观测。

他说："从事科学工作的人，如果一心只想倡惊奇论调，欺世盗名，而不甘潜心于真理之追求，为知识而舍身，在学术上恐怕永不能有何贡献。"几十年来，他"测黄道赤道白道，深得此道"，"探行星彗星恒星，戴月披星"，孜孜不倦的身影成为孩子成长历程中的参天大树。

接力当下，垂范后人

张钰哲一辈子撰写了不少的书。晚年的他仍以饱满的热情写下《小行星漫谈》一书，为天文学和科普工作提供了资料。为了迎接1986年哈雷彗星再次回归，他撰写了10多万字的《哈雷彗星史话》。可以说，他

紫金山天文台门楼

的一生，一直用手中的笔，在天文研究这块土地上，辛勤耕耘。他把这些当作传承社会文明的责任，他说："人生好比接力赛跑，我尽力跑完我这一段，好让别人跑得更快更远。成功的一棒不一定在我，荣誉更不一定在我。"

张群华在一次纪念父亲的活动上说，父亲是他一辈子都需要追随的楷模。至今他一直珍藏着父亲写给他的中楷：莫道人之短，勿说己之长。施人慎勿念，受施慎勿忘。勿以小善而不为，勿以小恶而为之。张钰哲不仅以身作则，用自己孜孜不倦于学习的态度垂范于孩子，也以先贤哲人的名言规范孩子的行为，使其养成良好的道德品质。"父母之爱子，则为之计深远"，诚是也。

家风评述

爸爸是什么？爸爸是孩子的榜样、导师和保护神。在孩子的成长中，爸爸的供养、佑护、规训、传道、导引，一个都不能少。张钰哲老先生在纷繁复杂的社会变迁中始终以责任和担当，引导孩子读好书，好读书，坚持不懈，有为担当，给了他们人生不一样的影响。

林徽因

一身诗意千寻瀑，万古人间四月天

林徽因生活在一个开明的官宦之家，从小打下扎实的文学功底，辅以父亲学贯中西的影响，拥有了开阔的眼界、高尚的追求和终生献身事业的志向。纵使环境多难，她依然以民族情感、经典熏陶和美的追求精心哺育下一代。

林徽因（1904—1955年），福建闽侯（今福州市）人。她是中国第一位女建筑学家、用现代科学方法研究中国古代建筑的开拓者之一，曾参与中华人民共和国国徽、人民英雄纪念碑的设计工作。她从事文学创作，组织文艺沙龙，对京派文学产生一定影响。1949年以后林徽因任清华大学教授。

梁思成、林徽因夫妇

林徽因从小接受良好的家庭教育。从一个懵懂少女成长为著名的建筑师和诗人，从一个融会贯通的学者到温暖坚定的妈妈，林徽因吸收着父辈的教育理念，实践着母亲的担当与责任。在女儿梁再冰眼里，“我的妈妈是一个不大寻常的母亲，像所有的妈妈一样，她挚爱自己的女儿，但她给我的爱可能比一个普通的妈妈更多、更深。她是我的第一个老师，领着我从少不更事走到长大成人，但她以自己的文化修养和学识留给我的精神财宝，远比其他任何老师留给我的要丰富、持久；她也是我的朋友，是我最早和最特殊的朋友，同其他朋友相比，她是一个更能给我以支持、启发和鼓励的朋友。”

大局观的传递

林长民与林徽因合影

林徽因的父亲林长民在民国初年是一个大人物。那时林长民与梁启超一起活跃在政界，热衷倡导宪政。他当过段祺瑞政府议会秘书长，又做过三个月的司法总长。他颇以此自许，治过一枚“三月司寇”的闲章，任上因拒纳涉案人张镇芳十万元贿款而称颂一时。他也拒收过曹锟收买选票的五千元酬金，由此得罪贿选成功的曹锟，一时避祸于天津卖字度日。在林长民仕途和抱负屡屡受挫的时候，他都继续努力着，没有抱怨，没有气馁，在谈到任何话题时都以大格局精神讲给女儿林徽因听。如在准备带林徽因出国远行的信中，他这样写道：“我此次远游携汝同行，第一要汝多观览诸国事物增长见识；第二要汝近在我身边能领悟我的胸次怀抱；第三要汝暂时离去家庭烦琐生活，俾得扩大眼光养成将来改良社会的见解与能力……”

在父亲的影响下，随着国家局势的改变，林徽因写的诗文由清丽、婉约的格调转为饱含家国情怀，对祖国前途的关心不时现于笔端 。1937年7月7日，抗日战争全面爆发。匆匆从山西赶回北平的梁氏夫妇，一致主张守土抗战。当时，八岁的女儿梁再冰正在北戴河同姑姑们一起度假，林徽因给她写了一封信：“如果日本人要来占领北平，我们都愿意打仗，那时候，你就跟着大姑姑在那边，我们就守在北平，等到打胜了仗再说。我觉得现在我们做中国人，应该要顶勇敢，什么都不怕，什么都顶有决心才好。”1944年，12岁的儿子梁从诫同林徽因谈起日军占领贵州都匀、直逼陪都重庆的危局，问母亲："如果日本人真打进四川，你们打算怎么办？"林徽因答道："中国念书人总还有一条后路嘛，我们家门口不就是扬子江吗？"梁从诫急了，又问："我一个人在重庆上学，那你们就不管我啦？"病中的母亲握着梁从诫的手说："真要到了那一步，恐怕就顾不上你了！"这是第一次，梁从诫觉得，自己温柔的母亲，变成了一个"别人"。

志趣的传承

林长民在书法上造诣颇深，中南海新华门匾额即他的手迹。据他亲属介绍，林长民习字，由晋唐人入手，中岁习魏碑，字体一变，于秀雅之中显出遒劲浑厚。在父亲的教导下，林徽因从小练习王羲之的小楷字。不仅如此，林徽因和林长民同为当时新月社成员，在接待受邀访华的泰戈尔的一场表演中，父女分别扮演了不同的角色。因为共同的兴趣爱好，父女同入一个社团，也同样因为兴趣爱好，在社团活动中各司其

林徽因与子女共读

职，做着自己的事情。这很值得我们现代人称道。

林徽因画给女儿的漫画

虽然文学只是林徽因的爱好，但即便是在艰苦动荡的生活中，林徽因也从未停止过用经典哺育孩子的心灵。梁从诫在回忆录写道：“这位母亲，几乎从来未给我们讲过什么小白兔、大灰狼之类的故事。除了给我们买了大量的书要我们自己去读外，就是以她自己的作品和对文字的理解来代替稚气的童话，像对成人一样地来陶冶我们幼小的心灵。”梁再冰回忆妈妈给孩子买的书，主要包括翻译的外国儿童文学读物，如加拿大作家写的《绿庐小孤女》，美国儿童名著《小妇人》，德国故事《爱弥儿捕盗记》，法国故事《苦儿努力记》，等等，《西游记》《水浒传》《三国演义》也在孩子们所读的书单之列。

为躲避日寇的轰炸，梁思成、林徽因携两幼子来到了四川宜宾一个偏僻的村庄——李庄，度过了贫病交加的四年。病痛孤独中的林徽因坚持读书。她常常读书有感而找不到人交谈，便与其两幼子谈。她读屠格涅夫的作品，也要求她12岁的儿子当成功课去读，并一句句体会屠格涅夫对景物的描写。和女儿共同读《战争与和平》时，女儿看中文，妈妈看英文，娘儿俩时常就其中的观点交流沟通，讨论书中的主人翁娜塔莎、安德烈、皮埃尔等人物的性格。《米开朗琪罗传》由于是英文版，年纪尚小的儿女无法阅读，林徽因就自己读一章，再给孩子们讲一章，特别详细地为他们描述米开朗琪罗为圣保罗教堂穹顶作画时的艰辛。由于对很多情节产生了共鸣，林徽因讲得十分动情，这使儿女们对当时情景印象深刻。在她兴致好的时候，她喜欢让儿女们坐在她床头，轻轻为他们朗读她昔日的诗文。“她的诗本来就讲求韵律，比较上口，由她自己读出，那声音真是如歌。”除了自己的诗，林徽因也常读古诗并讲解给儿女们听。当读到杜甫、陆游的“遥怜小儿女，未解忆长安”“剑外忽传收蓟北”“家祭无忘告乃翁”等名句时，那种悲愤、忧愁的神情至今令儿女难忘。

纯美的熏陶

林徽因的祖父林孝恂，曾经也位居翰林，却喜欢穿一身青衣布衫，像普通百姓一样出入街头巷口，低调却又难掩一身儒雅之气。潜移默化中，林徽因爱美却有品位。相关的记录是这样的：她穿一身合体的旗袍，既朴素又高雅，自从结婚后，她就这样打扮。质量上好、做工精细的旗袍，穿在她高挑的身上，别有一番韵味——东方美的娴静、端庄、轻巧，全在里头。在儿子梁从诫的心里，母亲林徽因“也许可以算得上是一位多少带有一些‘文艺复兴色彩’的人，即把多方面的知识和才华——文学的和科学的、人文学科的和工程技术的、东方的和西方的、古代的和现代的——汇集于一身，并且不限于通常人们所说的‘修养’，而是在许多领域都能达到一般专业者难以企及的高度”。她能把一座普通的四合院变成极具艺术情趣的场所：几件从旧货店里买来的老式家具，一两尊在野外考察中拾到的残破石雕，还有无数的书，给孩子们创造了一个有着艺术趣味的家。逃避战乱至昆明时，林徽因与梁思成亲自垒砖搭梁，建起他们自己的三间小屋。她常在家里的陶质土罐中插上大把的鲜花，或鲜艳或素淡，充满生机。1938年除夕，她不忘从昆明的花市上买来一把山茶花，只是要把“年”过得像是“过年”。

除了这样一份时时不能忘却的生活点缀，林徽因如同他的父亲，带给孩子们更多的是坚忍与希望。她可以在诗词歌赋中自由行走，也能“在菜籽油灯的微光下，缝着孩子的布鞋，买便宜的粗食回家煮”。在颠沛流离的生活中，不习惯也不会做家务的林徽因学着自己做饭、洗衣服、打扫房子、照顾孩子，并以此为乐事和趣事。她生病高烧，险些失去生命，但她还是能享受生活艰苦之余的美好。她与朋友在信中交流：“这儿的阳光总是异常的明媚，天空昼夜湛蓝，云朵自在惬意地飘动。”即使住在李庄那个没有电、自来水和厕所，老鼠和蛇时常出没，木床上臭虫成群结队的小房子，她依然就着一盏油灯，与丈夫一道写作、查资料，还不忘用流利的英语，为孩子们讲解英文作品。

在与孩子们日日相守的年岁中，林徽因的爱是细腻的、温暖的、全方位的、高格调的。“你是爱，是暖，是希望，你是人间四月天。”孩子眼里的林徽因是明亮的、温柔的；我们眼里的林徽因是美丽的，令人敬佩的。

家风评述

也许在读者的眼里，林徽因是建筑学家，是诗人，是才女，但作为母亲，真正可敬的，是她的坚忍、执着、努力。她是为孩子遮风挡雨，承受生活风霜磨难的一棵大树，是给孩子予积极向上熏陶的煦暖阳光，是母亲们的楷模！

郭化若

廉不言贫，勤不言苦

郭化若是我军杰出的军事理论家，其关于《孙子兵法》的研究享誉中外，被称作“一代儒将”。他出身书香世家，深受门风濡染，精于书法，诗文皆通，青年时投笔从戎，“上马杀敌，下马草檄”。他明理好学，重情重义，对革命矢志不渝，传统家风与现代革命精神在他身上结合得恰到好处。

郭化若（1904—1995年），原名郭可彬，福建福州人，中国人民解放军高级将领、杰出的军事理论家和军事教育家。1925年，郭化若进入黄埔军校第四期学习，同年加入中国共产党。郭化若曾长期担任毛泽东的军事参谋，解放战争期间，郭化若任第三野战军第九兵团政委，指挥部队参加了淮海战役和上海战役。中华人民共和国成立后，曾任南京军区副司令员、军事科学院副院长等职务。

少时艰辛路

1904年8月10日，郭化若出生在福州一个书香之家。他的曾祖父郭继昌，曾在广东当知县；祖父郭曾雄因病早逝；父亲郭则揆，读过四书五经，但科场不得意。郭化若五岁那年，曾祖父去世，郭家的经济失去了依靠，只得变卖家产度日。虽然生活日渐清贫，但郭家依然延续了重教传统，郭化若四五岁起父母便教他读书习字，诵读中国文化典籍，这为郭化若的文学素养打下了扎实的基础。

郭化若

逆境中成长的郭化若比同龄的孩子承担了更多的责任。其间，他曾经帮一家报馆抄写通讯以补贴家用。1918年，14岁的郭化若才进入小学读书。好在他有很扎实的家教基础，老师允许他插班五年级。上学后的郭化若勤奋刻苦，成绩总是名列前茅，尤其喜爱和擅长书法。第二年的年底，郭化若借了一块多钱，买来红纸、笔墨等，租了家小店柜台写春联出售。1920年，郭化若小学毕业，该校校长和老师认为他是个很有希望的少年，愿意保送他进入基督教会办的培元中学。该校学费、伙食费、校服费全免，成绩优秀者毕业后还可保送清华大学。但郭化若的父亲坚决反对他进入培元中学，认为受教会培养，将来替洋人卖命，做洋奴、买办是最可耻的。郭化若遵从父亲决定，考入福建省立第一中学。因该校学费昂贵，只好放弃就学机会，改入免费的农林学校。但两年后，他连免费的农林学校也读不成了，家里穷得揭不开锅，郭化若不得不外出打工。他南下广东，靠替人代写书信、抄稿、写碑文等为生。20世纪20年代的广东，革命浪潮涌动，郭化若和千千万万热血青年一样被这股浪潮推动着走上革命的道路。他开始阅读《共产主义浅说》《新青年》等进步书刊，参加了进步团体广州新学生社。两年后，郭化若决定报考黄埔军校，并以第一名的成绩从三千多名考生中脱颖而出，开始了他戎马一生的传奇。

皓首情愈笃

1977年，郭化若经人介绍认识了总参316医院的眼科主任史翔云。曾经也经历过一段失败婚姻的史翔云犹疑许久，但郭化若的直率打消了她的疑虑。史翔云记得当时郭化若说了句让她终生难忘的话："我刚刚'解放'，年岁也高了，你选择我，要慎重考虑啊！"史翔云深深被他的磊落胸怀所感动，以此良好的第一印象为起点，两人又历经三年之久的充分了解和接触后，于1981年底结婚。婚后的生活平凡而又不缺乏温情。有一次，郭化若偶感风寒，高烧不退，可就在这关头，史翔云应邀参加一个全军眼外伤学术会议。史翔云决定不去，病中的郭化若却说："去！你一定要去！这么重要的科研会议怎能不去？"史翔云深知丈夫和自己一样，是那种一切以事业为重的人，只好带着惦念与担心参会去了。由于会程紧，又一心想着早点完会回去，史翔云没有告诉丈夫开会的具体地址。会议结束的前一天，会务组的人员拿着封信笑着打趣史翔云："史主任，有你的'寻人启事'呢！"史翔云一时也陷入迷惑中，信封上没写地址，只有丈夫行云流水的一行大字：寻找史翔云。拆开一看，正是高烧未退的郭化若寄来的亲笔信，满纸是别后的关切，叮嘱她注意身体，盼望她早日归来。

郭化若夫妇

但留高风在人间

因为家境贫寒，郭化若从小就养成了朴素的生活习惯，无论是艰苦的战争年代，还是身居高位的和平时期，均未改其本色。他曾经十三年时间里只穿过一套新衣服，其他都是旧的，而唯一的一套新衣服也是他的夫人亲手所做。有一次，郭化若的战友韩念龙去他的家里做客，来到卧房，韩念龙伸手翻了翻床上的被子，感慨地说，三十多年了，还是一个样，战争年代的传统没有丢，难得！难得！夫人史翔云曾经也想替郭化若"改善"生活条件，就买了床漂亮柔软的缎子被面给他缝上，谁知郭化若一见就生气："我一辈子没用过缎的被面，你买它干吗？收起来吧！"史翔云只得把缎被留给自己用了。没两天，郭化若又为此事在史翔云面前"唠叨"："我们在生活上要求要少，对人民奉献要多。不要把钱和精力花在那个上！"据郭化若的秘书介绍，郭化若

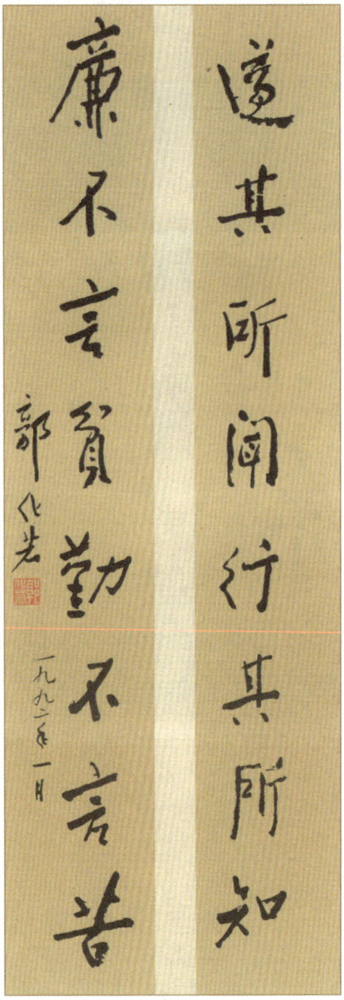

郭化若手书对联

曾将1967年至1973年间的银行存款共一万多元都交了党费。

虽然祖父一代就已家道中落，但家族门风对郭化若依然有很深的影响，在他身上不难看出中国传统道德规范影响所在。孝敬父母，知恩图报，他一直奉行不渝。郭化若是有名的孝子，当年他南下广东后，其母含辛茹苦维持家计。革命胜利后，郭化若立即将母亲接到上海同住。1962年9月母亲病重，他星夜从南京赶回上海，在病床前侍奉半月有余。不仅对至亲如此，郭化若还遵循着“受人滴水之恩，必当涌泉相报”的古训。当年读小学时，一位郑姓老师对他多方照顾，不仅想方设法为其免除学费，还常常留他在家吃饭。郭化若对此一直铭记在心。1953年郭化若首次返回福州，未拜访任何亲戚，却专门派人寻找郑姓恩师，并登门致谢。

家风评述

“离家征战几经年，风雪关山历险艰。帷幄频传神妙计，沙场迭显史诗篇。杯弓蛇影疑难辨，碧血丹心信自坚。六十年来多少事，但留点墨在人间。”这是郭化若88岁高龄时写的一首诗，一位把毕生精力都贡献给崇高事业的革命家，最后的希望竟只是留点墨迹在人间。我们相信，郭化若留下的不仅是一点墨迹，他的高风亮节也将照耀后来人。

刘亚楼

练成铁翼摧强敌，留得丹心示后生

刘亚楼的儿子刘煜滨毕业于著名的中国人民解放军军事工程学院，毕业后想加入空军。按照正常的招兵要求是完全可以的。当时，刘亚楼的部下也都支持。但刘亚楼就是不同意。他说出了一句至今让我们很是震撼的话：老子在空军，儿子再到空军，空军是我们家开的吗？这不是场面上的话，而是发自刘亚楼的肺腑、充分显示他胸怀的一句话。

刘亚楼（1910—1965年），原名刘振东，福建武平人。1929年加入中国共产党，同年参加红军。抗日战争和解放战争时期，刘亚楼战功卓著，有“智将”的美称。中华人民共和国成立后，刘亚楼任中国人民解放军首任空军司令员，为我国空军事业的奠基和发展倾尽全力。1955年，刘亚楼被授予上将军衔。

在战争时期，刘亚楼是一位骁勇善战的将军，屡立大功。但他并非只有军人之才，在他身上蕴含了多样的人性光辉。作为一个父亲，刘亚楼以其性格、言行方式，为儿女树立了榜样。许多年后，他的儿子刘煜滨深情地谈道：“父亲那时虽然工作很忙，可对我们教育很重视。他用部队那种作风，严格要求我们兄妹几人，为此也树立下了良好家风。”那么，刘亚楼做了什么事，给子女留下刻骨铭心的印象呢？

不居功，不特殊

刘亚楼当然是一个特殊的人物，中华人民共和国成立以后，他被授予上将军衔，担任空军司令员。刘亚楼虽然身居要职，行为方式却又平易近人，丝毫没把自己当特殊人物看待。

他经历过战争时期的困难、考验，养成了军人随性、爽朗的性格，因此享乐的生活、特殊的待遇等，在他看来，是多余的。

1962年夏初，刘亚楼到福州军区空军处检查相关工作，中间在杭州

刘亚楼与家人合影（1961年）

停留，住在一家空军疗养院里。当晚，疗养院安排了一场电影，聊作休闲之用。电影快要开始了，刘亚楼走进房间内。这时，他敏锐地发现，房间内正中间位置上摆着的是沙发，其他位置均是椅子。这样的摆设方式，将坐在沙发上的人区别对待于坐椅子的人。很明显，这是在搞“特殊化”。刘亚楼见了，很不高兴。他将空军疗养院的领导叫过来，要求将沙发换成普通木椅。起初，疗养院的领导还为之辩解，说这并不是单独为刘司令员做的变化，每个重要领导来了，都会做这样的安排。如此理由，似乎也合情合理。然而，刘亚楼严肃地说，不管谁这样做过，他刘亚楼是不会这样做的，这样的做法其实是在“整”领导，拿领导“示众”，出他们的洋相。疗养院的领导进退两难。刘亚楼就开导他：如果真心为领导想，那就把沙发换了，一张普通木椅就可以了。看电影嘛，最重要的是大家能开心地坐在一起。最后，事情照刘亚楼说的做了。

刘亚楼常说：“不论职位多高，都必须以普通劳动者的姿态出现，不居功，不特殊，平等待人，这是党的群众观念的表现。”

刘亚楼

此后，这里再也没有出现看电影摆放沙发的现象。

刘亚楼自己从没要求过特殊照顾，但是，对普通老百姓、身边的工作人员等，却一心一意为他们着想。他很关心空军的普通飞行员。王海、赵宝桐、张积慧、刘玉堤等空军战斗英雄的照片都被刘亚楼细心地挂在办公室里，或者放在办公桌的玻璃下。在刘亚楼眼里，这些人才是最应该得到尊敬的。每当有客人来到刘亚楼的办公室，他都会将这些人一一介绍给客人，称赞道，这些空军战斗英雄，是“军中之珍、国中之宝”。刘亚楼的心里装的是他们。

刘亚楼一点也不搞特殊的作风，影响了刘亚楼的后人，他们记住了刘亚楼的高风亮节。许多年后，刘煜滨在接受采访时就表示，父亲给自己最大的印象是，自己从不搞特殊，也不允许亲人搞特殊。刘煜滨毕业于著名的中国人民解放军军事工程学院，毕业后想加入空军。按照正常的招兵要求是完全可以的。当时，刘亚楼的部下也都支持。但刘亚楼就是不同意。他说出了一句至今让我们很是震撼的话：老子在空军，儿子再到空军，空军是我们家开的吗？这不是场面上的话，而是发自刘亚楼的肺腑、充分显示他胸怀的一句话。

不做败家子

刘亚楼在工作、生活上，还有一个非常重要的特点——节俭。他不单为自己节约，而且为国家节约。他的节俭是出了名的。

刘亚楼与夫人翟云英

1952年2月14日，毛主席到空军司令部视察工作，刘亚楼负责接待。当他向毛主席敬礼时，毛主席注意到，刘亚楼的军装领口、袖口都有补丁的痕迹，而且补丁都快要残破了。毛主席看在眼里，一边握手，一边对刘亚楼说，这件衣服不要再打补丁了，你做两套新的吧。刘亚楼婉拒了毛主席的关心，认为衣服再修补一下，至少可以撑个半年；新中国成立之初，国家经济困难，重建需要一点一滴的资源，因此厉行节俭是很有必要的。听到刘亚楼的话，毛主席很是赞赏："我们国家还很穷，经济还有待恢复，我们还要买苏联的飞机，要保障抗美援朝战争的胜利，人人都应该注意节约。建设空军是很费钱的，我们一定要把钱花在刀刃上。"

刘亚楼对自己是这样要求的，对他人、工作等亦如此对待。他主持空军工作时有一句名言："空军在物质生活方面一定不能突出，不做败家子。"针对一些人员的随意浪费问题，他下了严格的要求——空军的一切支出都必须精打细算，国防开支这样的大事自然不必说，就是日常的办公用品也要节约。"用烂用完"，这是空军机务工作贯彻实施的一条原则。

有一天，刘亚楼来到党委办。在秘书的办公桌下，他看到地上有两枚还可以用的大头针，当即捡了起来。这是做做样子吗？不，这是身体力行，做好示范。在刘亚楼的带动下，空军机关形成不成文的规定：起草文件必须用废纸，油印过的纸反过来还可以继续用，内部文件不用新的信封和有笺头的信纸……

不可否认，这些事情确实很小。然而，究其根本，何事不是从小累积，何人能够铺张浪费而毕其功？

勤俭节约，身体力行，不仅垂范身边的工作人员，而且还影响自己的子女。“父亲只要在家吃饭，他就会要求我们吃多少拿多少，碗中或盘中绝对不允许有剩余的食物。”刘煜滨在一篇回忆父亲的文章中如此说道。这样节俭、简朴的生活作风，已经融入刘亚楼子女的骨子里，成为他们的精神之源。不仅如此，刘亚楼的子女自觉地发扬其父的精神。刘煜滨曾经深有体会地说道：“对于社会上出现的一些歪风邪气，我们要抵制。每个家庭都要养成良好的家风，才能抵御社会上的歪风。”

其实，这就是刘亚楼的精神境界，是他对家庭、对社会的交代。

家风评述

刘亚楼身为将军，却不谋私，不滥用公器，令人敬仰。他为国为民，节俭办空军，节俭持家，在今天仍有意义。

邓拓

文能提笔书锦绣，武能跨马行千里

邓拓一生刚直清正，无私无畏，为追求理想而勇往直前，是孩子心目中最可敬的父亲；他质朴严谨、文武双全，为社会进步而鞠躬尽瘁，是孩子眼里最值得骄傲的爸爸；他细致温和、谦逊有礼，在孩子们人生的关键时刻指点迷津，是他们一生最可依靠的大树。

邓拓（1912—1966年），原名邓子健，笔名马南邨、丁曼公、向阳生等，福建闽侯人。1929年考入上海光华大学，1930年加入中国共产党，1937年进入晋察冀边区，开始从事新闻宣传工作。曾任《人民日报》社社长兼总编辑、中华全国新闻工作者协会主席、中共北京市委书记处书记、中国科学院哲学社会科学部委员等职，是当代杰出的新闻工作者、政论家、历史学家、诗人和杂文家。著有《中国救荒史》《燕山夜话》等。

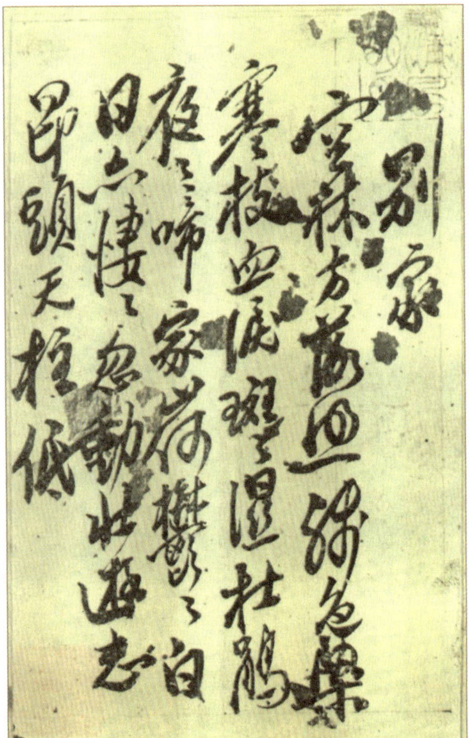

邓拓《别家》诗

他，写诗，倚马可待；著文，出口成章。他，文能提笔书锦绣，武能跨马行千里。两军阵前，他是能打能拼的战士；下了战场，他又把报纸当成自己的阵地，提笔挥毫写战歌。他，艰辛跋涉，奋力拓荒，是中国共产党新闻事业的开拓者。他育有五子，身体力行，给孩子以良好的家教，引导孩子走向自己丰富的人生。他就是曾任《晋察冀日报》社社长兼总编辑、《人民日报》社社长兼总编辑、北京市委文教书记的邓拓。在孩子们的眼里，“父亲短短的一生成就了辉煌的事业，给我们留下了丰富的精神遗产。我要像他一样做人，像他一样爱这个国家，对社会有责任感；尽自己的一切才智，为老百姓做好事”。

邓拓与爱人丁一岚各自忙着自己的工作，他们并不能像普通家庭那样与孩子有较多共处的时间，但这并不意味着对孩子不管不问。在孩子们的回忆中，邓拓夫妇身体力行，为孩子们创造了一个幸福美好又快乐温馨的家庭氛围。那他们是怎么做到的呢？

做人：质朴为人，低调行事

邓拓出生在一个清寒的知识分子家庭里，在家中排行最小。父亲系晚清举人，曾在广西担任过知县。他对子女的教育十分严格，规定每天必须完成晨课——练字和背诵古诗文，这使得邓拓从小熟知并热爱中国传统文化。五岁时，邓拓就能背诵上百首古诗词。对于童年时的启蒙学习生活，邓拓几十年以后写有“猛忆儿时课读虔”的诗句，追忆那些难忘的情景。当然，因为生活的困窘和劳作的辛勤，他体弱多疾，但也因此培养了吃苦精神——一种质朴、谨严的作风。这些在以后的生活实践中，愈益充实和增强，成为他的思想基础，也成为他教育子女的原则。他身居高位时，不允许孩子以干部子弟自居，追求特殊待遇。邓家孩子回忆，在《人民日报》社工作期间，报社给邓拓配了一部工作用车，但母亲骑自行车上下班，从不搭“顺风车”，邓拓也从不用汽车接送孩子们上下学。在父母的言传身教下，几个孩子很少有干部子女的优越感。邓拓长女邓小岚还回忆道，从小父母就教育孩子在热爱集体、团结同学、学习知识上要高标准要求自己，而在生活上要节俭朴素，不追求奢华。他们自己也正是这样做的。

做事：选择正确的人生道路

据王必胜的《邓拓评传》记载，邓拓的人生道路受启于一些进步的书报，如《新青年》《新潮》等刊物。正是这些进步书刊，帮他确立了人生的志向。他曾经在《中国青年和恽代英同志》一文中，描绘了在读到恽代英文章后的感受："他的文章对人的感动太深了，只要你读着它，全身就会像火烧一样的发热，他的热情奔放而议论警辟的文字，最能激发人皈依真理走向革命的勇气和毅力。"18岁时邓拓就参加了左翼社会科学家联盟，同年加入中国共产党，然后以笔做刀枪，全身心地投入到人民大众的解放事业中。

对于孩子的人生，他不遗余力地鼓励其选择正确的人生道路。因为邓拓夫妇注重言传身教而从不暴躁训斥，所以他们的家庭气氛总是很民主友爱的。上初中时，邓小岚迷上了跳芭蕾舞。邓拓虽不希望女儿从事舞蹈职业，但并不强迫女儿放弃自己的兴趣。他还用毛笔画了一幅芭蕾舞演员的速写画送给女儿。小岚要去沈阳报考舞蹈学校，邓拓买了车票，亲自为女儿送行。他写了一封信："这是你选择自己前途的极重要的时刻啊！我亲爱的孩子！你一定要以自己的聪明智慧，翻来覆去地从各个方面仔细考虑……你年纪很小，很多事没有经验。你要知道，如

邓小岚在给孩子们上课

果选择学习的时候不慎重，将来年纪大了要改行，就太苦恼了。我希望你能选择一个在各方面都比较适合的学习道路，使你的一生能走一条适合社会需要也符合你自己愿望的最好的道路。你说我这样的想法对不对呢？”这是邓拓给孩子们的唯一的一封信，爱女之情跃然纸上。后来邓小岚重新选择了自己的道路，1963年考入清华大学。

邓拓的笔名马南邨，其实就是“马兰村”的谐音。这个马兰村位于河北省保定市阜平县，曾是《人民日报》前身《晋察冀日报》报社所在地，邓拓当年带领他的战友在这里共同战斗了五六个春秋。2004年，邓小岚再次回到了这个小山村，每月定期给小学的孩子上音乐课，成为一位名副其实的“乡村音乐教师”，将动听的音符和旋律嵌进了每一个马兰村孩子的心里，一干就是十几年。她说：“父亲对这里的感情和挂念根本没法用语言形容，我能重新回到这里，帮这里做一些事也算是为父亲圆梦了。”

生活：培养爱好，陶冶情趣

在福州乌山北麓邓拓故居的展厅里，摆放着大量的珍贵照片资料和邓拓一生的著作，从中可以窥见邓拓的爱好之广泛，涉猎内容之多。这些都源于家族熏陶和他自身的广览群籍。邓拓的父亲热衷于收藏古字画和名家碑帖，他认为，书法是体现一个人文化修养的基本功；二哥邓仲超喜欢收藏，常带小邓拓到福州各地文庙观看大人作“诗钟”。久而久之，书法、收藏也就潜移默化地变成了他的生活乐趣。他的收藏，日积月累，由粗到精，几乎花费了他绝大部分的公余时间和全部稿费收入，甚至把工资也搭了进去。

邓拓的爱好，对于孩子们来说是家庭生活中的涓涓细流，引导孩子们的情趣与品味。邓小虹上小学五年级时，受父亲的熏陶爱上了书法。邓拓四处为女儿收集字帖，并为女儿剪贴的字帖题名。他想给女儿买个特别的墨盒，就带着小虹转了三四家古玩店，买了只圆圆小小、底部刻“清秘”二字的墨盒。这只铜墨盒成了小虹的心爱之物。

邓拓夫妇和子女们

他收藏的许多字画，孩子们也没机会看到。有一次，妻子丁一岚建议邓拓为孩子们办一个小小的家庭藏画展。邓拓把他珍藏的字画挂满了工作间，他认真而通俗地向孩子们介绍那些古代画家的时代背景和个人性格特点，以及他们各自书画的风格，使孩子们学到了不少历史、绘画和书法知识。

邓拓喜爱音乐，他支持孩子学习乐器和参加文体活动。五个孩子中有吹口琴、弹吉他的，有学小提琴、拉手风琴的，这使得他们家时常在周末举办“家庭音乐会”。全家大人小孩，每个人都“登台”演唱，吹拉弹唱，十分欢快。

家风评述

家庭对于未成年人来讲，就像物理学上的“磁场”。每个家庭都有特定的家风，过去的家风有的是用文字表现出来，诸如家训、文章、诗词、家书等，而现在的家风大多是家长用行动做出来的。孩子在这个环境中生存和生活，耳濡目染，潜移默化，不知不觉地受到家庭的影响。邓家的五个孩子，虽然过早地失去了父亲，但他们没有被随后到来的逆境压垮，反而各自活出了精彩，应该与他们的父母早年的教育和呵护分不开。这也再一次向我们表明：父母的人格决定家风的方向，也决定孩子发展的方向。

叶飞

言传身教立铁规，以身作则传家风

叶飞是唯一出生在国外、从红砖古厝里走出来的开国上将。他胸怀坦荡、公道正派、严于律己，始终忠诚于党和人民，保持共产党人的政治本色。叶飞的言传身教，使得叶家的家风几十年来不断地传承延续。

叶飞（1914—1999年），原名叶启亨，曾用名叶琛，福建南安人，生于菲律宾，中国无产阶级革命家、军事家。1918年，叶飞归国。1932年3月叶飞加入中国共产党，之后到闽东参与创建闽东革命根据地和红军游击队，参加了抗日战争和解放战争。1955年，叶飞被授予上将军衔。叶飞曾任中共福建省委第一书记，福建省省长，国务院交通部部长等职，是第六、第七届全国人大常委会副委员长。

艰苦朴素　由己及人

在抗日战争时期，新四军部队生活十分艰苦。叶飞要求部队严格遵守有关纪律，发扬人民军队优良传统，不拿群众一针一线。他经常告诉大家，要经得住考验，要吃得了苦。陈毅夸奖叶飞部队的艰苦作风“是本军最突出的”。他说：“回想在去年（1938年）冬天，大家不发用费，用树叶当烟抽，用烂棉絮包脚当鞋穿，每天吃两餐，甚至无菜吃……这是我良团（六团代号）的特色，可做本军的模范。”

1941年底，新四军在苏中丰利战斗中俘虏了日本人松野觉，他对新四军持敌对态度，用不吃不喝、自杀等行为进行反抗。不久，叶飞专程来看望他。当有人介绍这位布衣打扮、笑容可掬的人是副师长时，他不禁愣住了。中午，叶飞、陶勇邀请他共进午餐。叶飞不时为他夹菜，嘱咐他要多吃一点，养好身体。松野觉深受感动，起身向叶飞、陶勇深深地鞠了三个躬，恳切地说：“长官，新四军官兵平等，就凭这点，我要参加新四军！”

两袖清风不染尘

人们心目中的叶飞，是一位可亲可爱的将军，一位功勋卓著而品德高尚的将军，一位钢铁炮弹和“糖衣炮弹”都打不倒的将军。

中华人民共和国成立后，叶飞先后担任福建省委书记、福建省省长、交通部部长等职，他以行伍出身走上政坛，以清正廉洁之举，树立了公仆楷模形象。

有一个时期，社会上流行请高官去为公司、宾馆开业剪彩。这其实是一种变相的行贿受贿行为，因为剪彩使用的金剪刀之后将归剪彩者所有。前来叶家请叶飞剪彩的人也络绎不绝，他们暗示，只要叶飞肯去剪彩，价值5万元的金剪刀就归叶飞所有。叶飞一向痛恨拜金主义，勃然大怒道：“你们给我50万我也不去！”叶飞为将这些人拒于门外，抄录毛

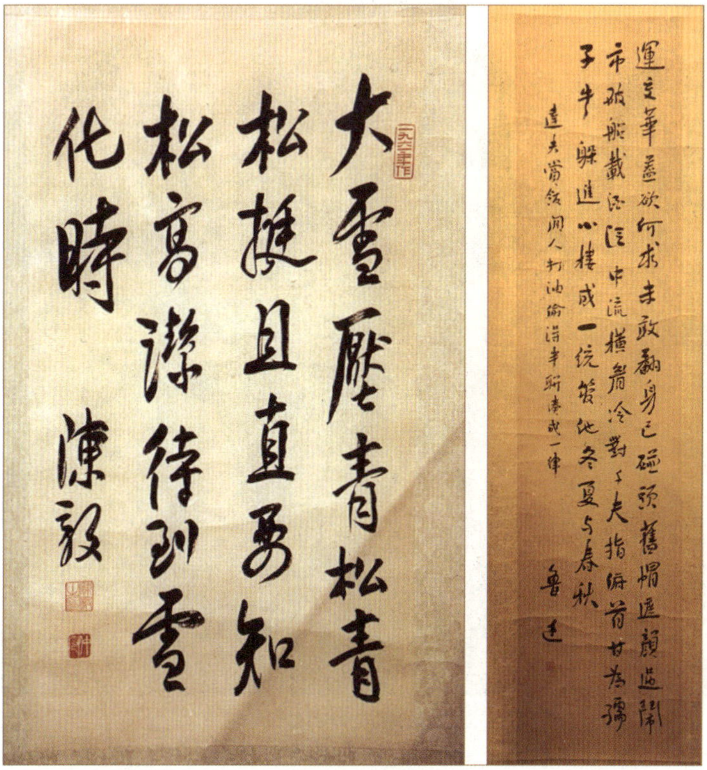

叶飞喜爱的两幅书法作品

泽东赞扬好八连的诗中的“拒腐蚀，永不沾”送给说客。这样，叶飞便有了一个“拒腐蚀将军”的雅号。

“不可以利用父辈的关系”

在子女的眼中，叶飞是一位公私分明的“严父”，从来没有用他手中的权力为家人“搞特殊化”。

女儿叶葳葳回忆说：“父亲总说，国家给我的待遇，那是工作需要和我对革命的贡献，你们不要享受。”小时候，叶葳葳和兄弟姐妹们不能坐父亲的车，星期六有电影看，父母可以坐着车去，他们只能骑着自行车跟在后面。叶飞的六个子女，都靠自己的努力考上大学、参加工作。

叶飞与家人合影

1970年，叶葳葳得知自己将被分配到青海省一个听都没听说过的地方工作，感到有些惊慌，满怀委屈地给叶飞写了一封信，发了一通路途遥远、地方陌生的牢骚。不久后，一本《马克思恩格斯选集》转到她手里，书里夹着一封父亲写的信："你现在要毕业了，要走上工作岗位了。青海虽远，没有新疆远，地势高，没有西藏高。那个地方既然有人工作生活，那么你也行。"父亲的鼓励让叶葳葳不再感到彷徨无措，之后，她坦然而冷静地收拾行李，去了青海。

改革开放后，考虑到自己分管侨务工作和在侨界的影响，叶飞和夫人一起同子女"约法三章"：第一，立足国内成才，不一定都要到海外求学；第二，不得利用父母的关系下海经商谋利；第三，不准因为私利与华侨、外籍华人拉关系。同时，叶飞还立下了一条铁规："不可以利用父辈的关系。"

家风评述

"清风两袖朝天去，不带江南一寸棉。"叶飞逝世后，留给子女的只有一些书籍，别无其他财物。但老一辈革命家留下的艰苦朴素、清正廉洁的作风，才是给我们的真正宝贵的精神财富。

杨成武

汀江骄子，将军之家

杨成武身经百战，为民族解放做出了杰出贡献。他智勇双全，可谓“上马击狂胡，下马草军书”。和平时期，他严格要求子女，呕心沥血培养子女成才，引导他们用自己的智慧才华为国奉献。他深知革命精神的重要性，不忘革命遗产的传承，注重培养子女的爱党爱国之情，体现了老一辈革命家深沉的家国情怀。

杨成武（1914—2004年），又名杨能俊，福建长汀人。1929年参加革命，1930年加入中国共产党，参加过抗日战争和解放战争，1955年被授予上将军衔。曾任中国人民解放军防空军司令员、人民解放军第一副总参谋长、人民解放军代总参谋长、中共中央军委常委、福州军区司令员、第六届全国政协副主席等职。主要著作编为《杨成武军事文选》。

重视子女教育，读书改变人生

杨成武出生于福建长汀，父母以种田为生。祖父去世很早，杨成武一家与伯父、叔父两家共13口人，在年事已高的祖母维系下，艰难度日。20世纪初期的中国，军阀混战，广大农民受地主豪绅的剥削和压迫，生活在水深火热之中。杨成武的父亲没有读过书，一辈子靠种地谋生，在旧社会尝尽了苦头。为了改变家庭现状，尽管连生存都很艰难，他还是立志要让儿子读书。为此，他利用空闲时间常年在造纸坊干活，还卖掉了家里几乎所有值钱的东西，全家人省吃俭用，又东拼西借才凑够儿子的学费。

最初在村里念私塾时，杨成武主要学习《论语》《孟子》《中庸》等传统文化知识。之后，转到上杭县回龙镇念教会小学，改学国文、算数等科目。小学毕业后，他考进长汀县省立第七中学。当时正值轰轰烈烈的大革命浪潮，七中出现了不少思想先进分子，张赤男就是其中对杨成武影响最大的一位。

杨成武夫妇

张赤男经常向杨成武等学生讲马克思、列宁，讲北伐战争，向他们描绘了共产主义的远大前景，对他们循循善诱，经常至深夜。

可以说，杨成武早年接受的教育，不仅使其获得文化知识，为其日后工作奠定了基础，并为我们留下了《杨成武回忆录》《杨成武军事文选》等宝贵的精神文化遗产，更重要的是通过教育，杨成武接受了先进的马克思主义思想，树立了共产主义的伟大理想信念，确立了自己为之奋斗一生的目标。沿着这个目标，他从一名普通的贫农子弟，成长为一名共和国高级将领，彻底改变了自己的命运。

杨家重视对子女文化教育的思想理念，还体现在杨成武对其子女的教育上。 他曾对子女提出要求：必须学有专长，达到大专毕业以上。新中国成立后，不管平时工作多忙多累，杨成武总要抽出一些时间，教育子女，检查督促他们学习。到了寒暑假，学校寄过来的成绩单，他都要仔细过目，有进步了就表扬鼓励，不足之处就认真严肃地批评、教育；同时还帮他们制定假期计划，这些都很好地促进了孩子们的成长。

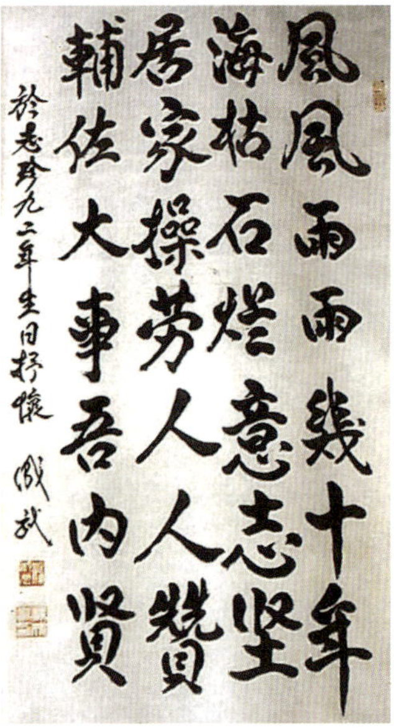

1992年11月，赵志珍生日时，杨成武写给她的诗

在杨成武和妻子的教育下，几个孩子后来都成为祖国的栋梁，其中二女儿杨俊生，毕业于解放军哈尔滨军事工程学院，1996年晋升武警少将军衔，是中国武警历史上第一位女将

军；长子杨东胜，考入清华大学工程化学专业，1998年被授予少将军衔；次子杨东明，毕业于北京航空工业学院（今北京航空航天大学）和国防大学，1994年晋升为少将军衔，2007年晋升为中将军衔。

尊重子女，但不搞特殊化

新中国成立后杨成武将军身居要职，但他并没有凭此为子女谋取任何便利，反而因为自己的特殊身份，对子女要求更加严格。这一点在他对二女儿杨俊生的教育上体现得很明显。

杨成武对杨俊生的教育可谓倾注了大量心血。当女儿高中毕业面临报考大学和选专业时，一家人陷入了争论。妻子认为自己和丈夫在部队多年，大女儿也在部队，希望二女儿选择教师、医生等相对轻松的工作，这样对全家也是个照应。而杨俊生的大弟、堂弟等则主张她从军，因为他们一直很崇拜杨成武。轮到做父亲拍板的时候，杨成武却认为孩子大了，可以自己做决定了，应该尊重孩子的选择，还是把决定权交给孩子自己吧。杨俊生从小生活在战争年代，经历炮火洗礼，又成长在军人之家，耳濡目染父亲的革命事迹，这些使她决心献身祖国的国防科技事业，最后选择了中国人民解放军军事工程学院。

中国人民解放军军事工程学院位于哈尔滨，又称哈尔滨军事工程学院，是中华人民共和国成立初期我国最高的军事工程学府，除了日常的军事课程外，还有不少军事实践类课程。仅是三个月的入校军训就让很多男学生叫苦，更何况一个刚中学毕业的女孩子呢。起床、出操、整理内务、洗漱、开饭、军训……每一个动作、每一个程序都有极高的要求。一天天的紧张忙碌，累得杨俊生全身都散了架。更令人难以忍受的是经常有夜间临时行军，劳累了一天，又要急行军10公里，且要求一小时之内达到预定目标；再加上严格的队列训练、实弹射击、高强度的体能训练、单兵技战术训练等，直压得杨俊生喘不过气来。杨俊生没想到，自己的高干子女身份，不仅没有让自己少受苦，反而觉得教官对自己比别人还严格得多。直到后来，她才知道，父亲为了锻炼她，事先给学院

杨成武与家人合影（1974年）

领导打了招呼："第一，对杨俊生不能有任何特殊，与工农子弟一样；第二，在训练和学习上，要求更要严格！"高要求出好成绩。正是在这样的"特殊"要求下，杨俊生在知识、技能等方面不断取得进步。同时她也深深体会到了开学前父亲所说"做事要扎实"的真正含义。这些都为她今后的成长乃至为国奉献打下了很好的基础。

爱国爱党，传承革命精神

杨成武很早便参加了红军，随后入党。此后，杨成武便为民族解放和民族独立而南征北战，并立下了赫赫战功。同时，长期革命斗争，也铸就了杨成武深沉的爱国爱党赤子之心。这一点不仅贯穿在他70多年革命生涯中，也体现在他对子女的教育上。他常将刘少奇的"功劳归于党"和周恩来的"幸福来自毛主席"两句话挂在嘴边。

中华人民共和国成立后，广大人民在共产党的领导下翻身做了主人，过上了好日子。杨成武却时刻提醒子女，不要忘记幸福生活来之不易。他一直教育孩子要听党的话，努力学习毛泽东思想的立场、观点和方法，多学为人民服务的本领，做一个有益于人民的人。他还经常跟孩子们讲我党领导人民革命斗争的历史，对子女进行革命传统和爱国主义的教育。他带领孩子重走晋察冀老区，培养他们对老区人民的热情，让他们更加珍惜眼前的生活；和子孙一起重吃窝窝头、贴饼子和各种野菜，体验艰苦生活，忆苦思甜。针对子女的教育，他首先要求“有较高的思想觉悟和好的道德品质”，还要“努力工作，多为人民做贡献”，还说“职务只是党给每个人为人民服务的岗位，无论在什么岗位上，都是可以用最大的努力为人民贡献力量的”。

他的这些思想，对培养子女的爱国爱党情感、服务祖国建设的意识影响很大。杨成武将军的几个子女，在选择自己未来职业时，都是根据当时祖国最急需的方向来定的，他们自觉地将自己的成长和国家的时代建设紧紧联系在一起。如二女儿杨俊生选择了导弹自动控制专业，从事尖端武器和武警装备研究；长子杨东胜也在二炮从事装备战备研究；次子杨东明，则从事火箭发动机的相关研究和管理等工作。他们继承父辈的革命精神，积极参与军队装备改革事业，为我军现代化建设做出了很大贡献。

家风评述

杨成武将军对子女的教育，贯穿其中的一条主线就是培养他们的爱国爱党之情。他很重视子女的文化教育，这是他们立身社会的基础，也是为国家做贡献的前提和必要条件。他尊重子女的选择，是因为他相信子女会以国家需要为重。他不允许子女搞特殊化，甚至比别人要求更严格，是希望孩子们能够养成良好的习惯，扎扎实实练就一身真本领，时刻准备接受国家的召唤……杨成武将军为子女所做的这些，正是一个老革命家一心为党为国的真实写照，这是值得我们学习和铭记的。

彭冲

情系桑梓，儒雅宽厚

彭冲是一位久经考验的优秀共产党员，更是一位极具人格魅力的杰出领导人。他谦和儒雅，胸怀坦荡，平易近人；他心中有大爱，心系群众，敢于担当。

彭冲（1915—2010年），原名许铁如，福建漳州人。1934年加入中国共产党。解放战争期间，彭冲带领部队转战南北，参加了鲁南战役、莱芜战役、孟良崮战役等。1955年后，彭冲任南京市市长、中共南京市委第一书记等职，为南京的发展打下了坚实的基础。1983年6月，彭冲当选为第六届全国人大常委会副委员长、全国人大法律委员会主任委员，在加强人大立法和监督、发挥人大代表作用等方面做了大量工作，为我国新时期民主法制建设做出了重要贡献。

在我所参与的重大历史事件中，我所做的只是党交给我的一些具体工作，算得上一名积极的参与者或执行者吧，并没有太多特殊的地方；至于我个人在此之外的一些活动，亦无须郑重其事地记录下来。

这是彭冲同志说的话。这样的话充满了恬淡、谦让之气，实在有古朴风范。然而，越是这样的人，越可能做出不一般的成就。他的事功可能在更长的历史时期内会得到更准确的评判，而他的为人、品质则会让现在的一些人记着，让身边的亲朋好友受到影响。

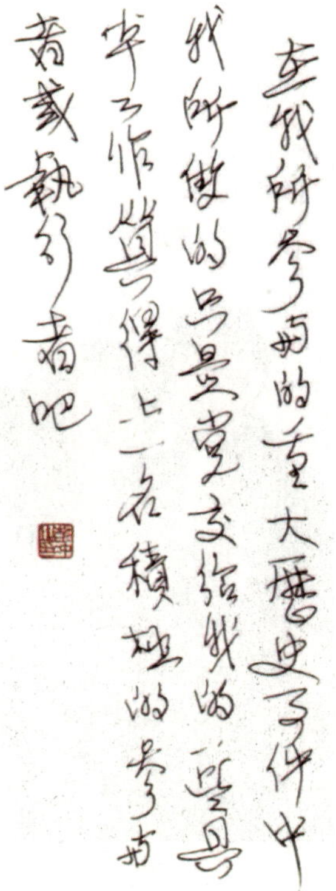

彭冲手迹

故土难离，乡情不忘

彭冲于1915年出生在福建省漳州市。芗潮剧社记录了青年彭冲早期的革命活动。虽然，在以后的历史岁月里，彭冲由于革命事业的需要，回家乡的时间较短，但是，桑梓情深，彭冲的一只脚踏在异乡，另一只脚则紧紧地与故土联系在一起。

1991年1月16日，“漳州·中国水仙花节”正有条不紊地进行着。这一天，彭冲来到了现场。他要亲身体会故土这些年来的发展。当时，漳州市虽然取得了不少成绩，却还有一个问题：自来水设施较为滞后。不仅一些重要的公共场所，比如宾馆、会场等时常会断水，市民的日常生活也受到了影响。解决漳州市的饮水问题，筹建一个自来水厂，势在必行。奈何当时的漳州市政府财力拮据，拿不出这部分钱来。彭冲听闻后说：“没有钱不要紧，也不是大问题。要善于开动脑筋，解放思想，没钱的话可以去找别人借贷嘛！”本着为民生、为故土人民着想的精神，

彭冲与群众合影

彭冲找到国家外经贸部相关人员反映情况，并亲自做中间人，促成漳州市政府与西班牙银行500万美元的借贷事宜。这件事历史意义重大，它是福建省第一例通过外资借款兴建的市政工程，开了一个好头，树立了一个榜样。自来水厂建成了，至今，漳州市人民仍受惠于这一德政。

1997年5月15日，漳州市广场立交桥竣工。这是家乡的一个新变化。彭冲虽然日不暇给，但还是很关注乡土的事业，他特地赶回漳州市，参加了典礼。此后，漳州市人民广场、迎宾路、威镇阁等一项项交通建设工程，无不得到彭冲的支持。

这种对家乡的深情，给身边的儿女留下了深刻的印象。彭冲之子许海容曾说："自1954年离开福建，至今已有50多个年头，但他对家乡的土地和人民始终怀有深厚的乡情。"这是评价彭冲的不易之论。他的子女看在眼里、记在心上。

彭冲对乡土打心底里热爱。他也要自己的孩子不要忘根。因此，只要有时间，他就带自己的孩子回老家看看。"20世纪80年代和90年代之间，我们子女多次随父母回福建老家。特别是到了每年春节，只要有时间，他老人家都一定会在老家过春节，重温家乡浓浓的旧情。"

"如金如锡，如圭如璧"

《诗经》云："有匪君子，如金如锡，如圭如璧。"这是形容一个人的品质美好。彭冲当得起这样的评价。

与彭冲一起共事过的人很多。他们谈起彭冲时，赞不绝口，所言都很一致：豁达、宽厚、深沉、和善……概括起来说，彭冲就是一个平易近人的同志。他不只是对自己的同事这么亲和，对普通老百姓、对群众，更是如此。

1996年，彭冲到南京考察。一天，他来到一个乡村。这时候，一个大娘激动地问彭冲："彭市长，您还认识我吗？"

彭冲端详了一下这位头发斑白的老人。他一下子想起来了："认识，认识，你不就是当年的余富珍吗？和毛主席交谈那会儿只有27岁。

毛主席不是问你：‘村干部的工作怎么样？’你说：‘好，他们带领我们办社。’毛主席听了笑着说：‘你们社员说好，就好嘛。’”

这位名叫余富珍的大娘听到彭冲竟然记得这么清楚，她很激动，说道：“是的，是的，毛主席当年视察的照片，我还保留着。”

这么久了彭冲竟然还清晰地记得当年的历史场景，竟然对一位普通群众如此感怀。他和老百姓的交流，没有任何官话，而是推心置腹。这是彭冲身上自然散发的亲和力。很快，他就与群众熟了起来。

彭冲夫妇

当彭冲考察完毕，要离开这个乡村时，余富珍老人还恋恋不舍，前来相送，两眼含着泪花。彭冲看到这一场景，心中感慨，他频频向余富珍挥手，表示道别。彭冲的秘书曾经说道：“作为一名党的高级领导干部，他待人以诚，光明磊落；与人和善，平易近人；虚怀若谷，谦和有礼。”这是对彭冲同志品质的恰当总结。

彭冲喜好书法、绘画，他的书法酣畅洒脱，不拘形迹，造诣极高。因着这兴趣，他与众多书法家结下不解之缘。吴悦石就是其中之一。他为彭冲刻的两方印是彭冲写字时常用的。2005年彭冲生日的时候，子女、朋友们为他举办了一次寿宴。按道理，要么是自己的儿女，要么是一些最亲近的部属，坐在老人身边。但是，彭冲见到吴悦石，就把他拉到自己身边，要让他坐下来。身为小辈的吴悦石退让再三，直到看见彭冲要生气，才勉强坐定。彭冲就是如此率性之人，他不是做做姿态，而是打心底里对普通人都很亲近。他也有修养、有眼光，对晚辈不吝关心与爱护。

儿子许海容不知道见过多少次这样的场景。他对父亲的随和已经很习惯了。许多年后，在他的记忆里，自己的父亲仍然是那么亲切：“虽身为领导干部，但是对身边的工作人员没有那种威严、盛气凌人的‘官架子’，不管是对自己的亲属，还是对身边的工作人员，他都面带笑容和蔼可亲，这么多年我从没有看见过他批评和训斥他人。即使是儿子做错了事，他也是教育为主，以理服人。”

这位漳州市的优秀儿女，这位儒雅和蔼的长者，这位睿智的领导人，他将永远活在人民的记忆里。

家风评述

彭冲是一位内外兼修的人。在内，他培育自己的儒雅气质；在外，他热心工作，关心乡梓，为家乡事业贡献力量。这样的人格魅力，令人肃然起敬。

谷文昌

不带私心搞革命，一心一意为人民

带领东山百姓战风沙、种绿树的谷文昌从来不贪图公家的一寸木料，他带领家人写下了清白持家、公私分明的亮丽篇章。他勤俭节约，一心为公，以优秀共产党人的作风为家人树立了典范，孕育了优良家风，影响了一代代后人。

谷文昌（1915—1981年），河南林县（今林州市）人，1944年加入中国共产党。1950年随军南下至福建，曾任福建省东山县县长、县委书记、福建省林业厅副厅长、龙溪地区行署林业局局长等职。他在东山县任职的十多年间，带领全县军民与肆虐东山的风沙做斗争，从根本上改变了东山恶劣的自然环境，为海岛的经济建设和社会发展打下坚实基础，被群众尊称为“谷公”。

他像一位忙碌的“圆梦者”，忙着为老百姓圆各种各样美好的梦：东山岛上风沙肆虐，他忙着带领大家广植木麻黄，在黄沙弥漫的海岛上播撒下幸福的种子；三明宁化县禾口公社红旗大队的水田里，他弯着腰在泥水中插秧种地，千方百计帮助生产队发展农业，让金黄色的稻谷堆满粮仓；隆陂水库建设工地上，身为总指挥的他弓着身子扛石头、挖土、挑土，和工作人员一起引来了清流，滋润那方贫瘠干旱的土地……他，就是谷文昌。

忙碌的谷文昌在他的一生中没有给家人留下太多的家训格言。但是，通过一件件小小的家事，这位太行山打石匠出身的工农干部，用他那实实在在的言传身教谱写了一首无言而又内涵丰富的家风奏鸣曲。

“谷树”与“石桌”

在福建省东山县有一种因谷文昌而得名的树——“谷树”，它就是木麻黄。走在如今的东山县，湛蓝的海水扑打着金色的沙滩，成片的木

谷文昌在播种

麻黄郁郁葱葱，盛满了生命的美好。

而昔日的东山县则是风沙蔽日，“沙滩无草光溜溜，风沙无情田屋休。春旱无雨粮草绝，作物十种九无收……”这是曾经流传在东山县的一曲悲伤的民谣，它唱出了风沙给这个海岛带来的深重苦难。谷文昌来到东山县后，不断探索治理风沙的方法。经过多次失败，百折不挠的他终于找到了木麻黄这种可以抗击风沙的树种。20世纪60年代，在谷文昌的带领下，8.2万亩的树林为东山县披上了一层生命的绿衣，3.4万亩的木麻黄防护林矗立在海岸线上，守卫在抵抗风沙的第一线。当黄沙漫天的海岛成了大海中的绿洲时，木麻黄也变成了东山县人民心目中的“谷树”，它见证了一位心怀人民的共产党人的高贵品质。

可是今天的人们又怎能想到，这位带领干部群众种下千万棵树木、并且后来还担任了福建省龙溪地区行署林业局局长的党员领导干部，他的家中竟然没有平常人家常见的木头饭桌，而只有一块简陋粗糙的水磨石板充当的饭桌。

谷豫东是谷文昌的小儿子，他对这张桌子记忆深刻，从20世纪70年代开始，这张饭桌就一直陪伴着这个家庭，悄悄地记下了这个家庭的清明家风。在谷文昌去世后，他的家人仍然在使用这张桌子。“20世纪90年代，我家的老房子拆迁，那张石桌不知遗失在哪里了。”至今想来，谷豫东还是颇为惋惜。

那时，谷文昌家中除了石板桌外，椅子、沙发等家具都是用藤编的，没有木制的。与树结下大半辈子缘分的谷文昌从来没有为自己的家庭谋取一寸公家的木材。在他的心里，国家的木材资源是宝贵的，身为领导干部更不能以权谋私。他曾经说过：“我管林业，如果我做一张木桌子，下面就会做几十张、几百张，我犯小错误，下面就会犯大错误。

当领导的要先把自己的手洗净，把自己的腰杆挺直！”

谷文昌的女儿在结婚时，希望他批一些木材做家具，但在他这里碰了钉子。儿子谷豫东高中毕业后在符合政策的情况下想进工厂工作，却被谷文昌动员去上山下乡接受锻炼。谷文昌就是这样公私分明、不图私利、清白持家。

谷文昌辞世后，遵照他的遗嘱，家人立即把他使用过的自行车，还有家里的电话等公物一并上交给了国家。他的五位子女，在生活和工作中都不曾沾过他的光，受过特殊的照顾。

父子相传的旧衣

瘦削的面庞，头发发白，脚踏一双不知踩过多少土地的北京牌布鞋，身上总是穿着破旧的咔叽布中山装——这是谷豫东记忆中的父亲。父亲的衣服，破了就补，补了再穿，一个个补丁好似一面面徽章。

谷豫东想起过去，他和哥哥总是穿着父亲穿过的破旧衣服，从没穿过新衣服。就是他的三个姐姐的衣服，也总是大的穿过，小的再接着穿。谷豫东也曾埋怨过父母小气，为什么总要穿旧衣服呢！谷文昌对孩子语重心长地说道：“艰苦朴素、勤俭节约的作风不能丢。”

谷文昌是河南省林县（今林州市）的贫苦农家子弟，他种过地，打过石头，后来参加了革命队伍。无论身份和地位发生了何种变化，他始终没有丢掉身上那份劳动人民勤劳节俭的本色。一件在旧衣摊上花十元钱买的旧大衣，他像压箱底的宝贝似的，一穿就是几十年。谷豫东的记忆中，父亲从没有任何享受，从没置

谷文昌穿着旧衣摊上买的大衣

办过什么值钱的家具。谷文昌在东山县工作时，每逢到漳州开会，七八元的旅馆，他舍不得住，就四处寻找最便宜的旅馆。他总说，东山还很贫困，要节约。

如今，谷文昌那艰苦朴素、勤俭节约的家风依然在他的后人身上传承着，犹如当年那父子相继的旧衣服。2002年，谷豫东的女儿上了大学，他每个月寄给女儿400元生活费。一日，女儿对他说，400元钱确实不太够，拮据了点。谷豫东回答说：“这400元钱是给你生活上用的。如果你是学习上有其他需要，我另外再给你寄。”

后来，女儿回到家里告诉他，她利用课余时间勤工俭学为自己赚取了额外的生活费。谷豫东听后为女儿有这种勤奋节俭的习惯而高兴。当初父母怎么教育他的，他也怎么教育自己的子女。

如今，谷豫东做了外公，他对自己的小外孙从小就要求饭要吃得干干净净，饭粒掉到桌子上要捡起来，不浪费一粒米。就是在这点点滴滴的生活中，谷文昌那勤俭节约的家风如同涓涓清流传承在后代的血脉里。

一心为民的情怀

1981年，身患重病的谷文昌躺在病床上，食道癌晚期的病痛正在折磨着他，无情的癌细胞在他的全身扩散。可他念念不忘的却是东山县的树，那里的木麻黄该更新换代了。

在这之前，谷文昌在上海治疗的时候，遇到一位林业专家，听这位专家说木麻黄的寿命只有几十年，他记在了心里。当东山县的老同志来

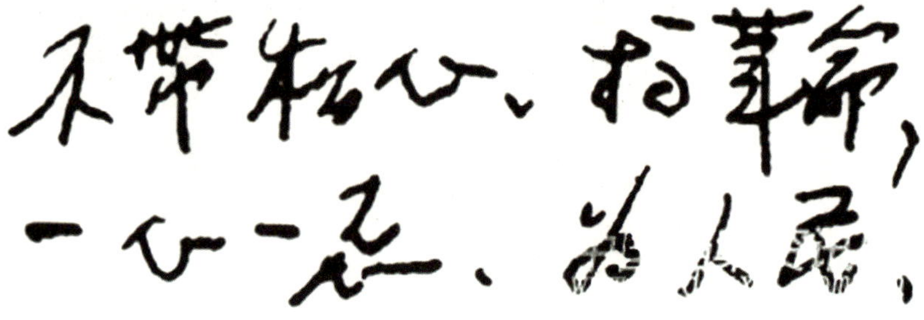

谷文昌手迹

医院看望他的时候，他赶紧交代他们回去后抓紧对岛上的木麻黄更新换代，不要让东山的百姓再受风沙之苦。他临终前牵挂的还是树，却没有对自己子女的安排。

在谷文昌的工作手记中，有这样一句话："不带私心搞革命，一心一意为人民。"他的心里总是装着群众，总是在为别人着想，有时让家人感到受了"冷落"。谷豫东记得，有时候，当忙了一天的父亲刚踏入家门，想找谷文昌解决困难和问题的人也跟到了家里。此时正是饭点的时候，谷文昌总是热情地招呼客人坐下吃饭。可是那个时候家里的饭是定量的，招待了客人，家人们的饭就不够吃了。谷文昌对家人说，人们来家里，总是有困难要帮忙解决，他们是鼓足勇气，想了又想才来的。我们一定要热情地招待人家。饭不够再煮嘛。

谷文昌曾教育家人，一个人活着要有伟大理想，要为人民做好事，为人民奋斗一辈子。他那一心为民的情怀，为自己的家庭注入了一股乐于奉献的良好家风。

谷文昌与家人合影

20世纪90年代，谷文昌的妻子史英萍在报纸上看到一篇题为《清苦不减求学志——福建师大几位特困生纪实》的报道后，非常同情那六位特困生的处境。这位热心、善良的老人立即从自己平日里节省下来的离休金里拿出了1000元钱寄给写那篇报道的记者，请他转交给那六位特困生。此后，这位年事已高的老人每个月都自己走到邮局寄给这六名学生300元钱，资助他们。

史英萍默默地进行着她的助学工作。后来，她因腿脚不便，无法走到邮局寄钱，便开始资助漳州师院的贫困学生，让他们每月到自己的家中来取资助金。

谷豫东说，当他的母亲去世时，子女们不知道她究竟资助过多少贫困学生，也不知道她资助了多少钱，只知道自己的母亲离世后没有存款。

对于谷文昌的后人们来说，家风就是一笔最珍贵的遗产。如今，他们在各自的生活中踏实、勤奋地工作着，用自己的一言一行去传扬先人留下的优良家风，为社会奉献自己的爱心与力量。

家风评述

谷文昌的后人们没有沾过谷文昌的光，但是却继承了他最宝贵的精神光华，那就是谷文昌的家风。这家风蕴含着崇高的价值观：公私分明、勤俭节约、一心为公。时代在变，但这些高尚的品质依然没有过时，不会因为时间的流逝而褪色。

卢嘉锡

先生之风，山高水长

卢嘉锡出国留学时，正值抗日战争时期，深感祖国之危难。他怀抱“科学救国”的热望，学成后毅然回国。面对艰难困苦，他始终坚持自己的信念。为发展祖国的科学教育事业，他艰苦创业，探赜索隐，殚精竭虑。他没有豪言壮语，但后辈却从他的一言一行中感受到了他的精神伟力。

卢嘉锡（1915—2001年），祖籍福建永定，出生于福建厦门，是我国杰出的物理化学家、教育家、社会活动家和科技组织领导者，为我国的结构化学学科做出了开拓性的贡献。1958年起，他参加创建福州大学和中国科学院福建分院。1981年，卢嘉锡出任中国科学院院长。1988年，卢嘉锡当选为第三世界科学院副院长，是担任这一职务的第一位中国科学家。1993年，卢嘉锡当选为第八届全国人民代表大会常务委员会副委员长。

1939年秋天，美国加州理工学院来了一位年轻的博士，这个中国人是来这里做客座研究员（今天称“博士后”）的。好心的中国同学陪同新来的博士四处走动，熟悉校园环境。他们来到一间实验室，见一个人在做实验。这个人长着亚洲人的面孔，脸圆圆、白白的，有点像日本人。

20世纪40年代初，美国加州理工学院中国留学生合影（前排右二为卢嘉锡，左一为钱学森）

想到祖国河山正在遭受日寇铁蹄蹂躏，博士不禁愤愤地大声说：“这一定是个日本鬼子!”只见这个人抬起头看了一眼，又冷漠地低头继续做实验。连中国话都听不懂，肯定是日本人了，博士心中这样想。不想几天后，在中国留学生聚会上，两个人再次相遇。博士这才知道，那个人原来也是中国人，叫钱学森。那天钱学森正专心做实验，竟没听清博士说的话，反而将来人当成日本人而不予理睬。厘清了误会，两个海外中国留学生因朴素的爱国情怀而结缘，深情厚谊延续了半个多世纪。

这位博士就是卢嘉锡。1915年，他出生在福建省厦门市。实际上，卢家祖上原居台湾台南，《马关条约》割让台湾后，卢嘉锡的长辈不甘沦为日本臣民，举家迁居厦门。卢嘉锡自幼受到长辈爱国思想潜移默化的影响，他一生中一举一动都在诠释着祖辈的风范，同时也以自己的行动影响、教育着子女。

卢嘉锡（右二）在厦大

爱祖国，爱人民

卢嘉锡从厦门大学化学系毕业后，进入英国伦敦大学学习并获博士学位。而后，他又到美国加州理工学院，在后来两度获诺贝尔奖的鲍林教授指导下进行研究。那时，厦门沦陷，留在国内的妻子只能带着孩子逃难到闽南内地，颠沛流离，艰难度日。抗战一胜利，卢嘉锡满怀“科学救国”的热望和对亲人的思念回到祖国，任厦门大学化学系教授兼系主任。

可是不久，国民党依靠美国支持发动内战，美军在中国各地为非作歹，不时激起公愤。一天，卢嘉锡从鼓浪屿坐轮渡去厦大上班，顺便送大儿子上学。刚走出码头，就听到一阵妇女的惊叫声。一看，是两个美国水兵竟然在光天化日下侮辱中国妇女。卢嘉锡义愤填膺，冲过去用英语痛骂美国兵。美国兵还想发作，无奈这边中国人人多势众，只能灰溜溜地走开。

解放之初，一天卢嘉锡夫妇带着孩子进城。回来时天下雨，又没有公交车，卢嘉锡叫了一辆三轮车。从城里到厦大要爬一段蜂巢山长坡。车到山前，卢嘉锡让妻子和孩子坐车上，自己下来在后面推车。让一个穿西装、戴眼镜的先生在雨中打着伞帮自己推车，三轮车工人感到很不好意思，再三表示要少收钱。可是卢嘉锡仍坚持付足了车费。看着孩子不解的眼神，卢嘉锡耐心开导说：几个人都坐车上太重了，三轮车工人很辛苦，我下来帮着推一段，车子轻了，速度快了，工人不会那么累，我们还能早到家。

这一切，让卢嘉锡身边的儿女看在眼里，记在心中。

战火年代与困难时期

1951年夏，为了抗美援朝、保家卫国，党中央向全国青年发出“参军参干”的号召。卢嘉锡的大儿子那时才14岁，刚初中毕业。他瞒着家人报名并获得批准。当时卢嘉锡正在外地，回来时儿子已经到部队集中。他不但没有责怪儿子，还特地请假赶到部队驻地鼓励儿子，为他送行。在父亲的鼓励支持下，儿子在部队多次立功受奖，直到退休。

1960年，卢嘉锡转战福州，参与创建福州大学和中国科学院福建分院（分院的技术物理、应用化学等“六所一室”后经多次调整，整合为今天的中国科学院福建物质结构研究所）。那正是三年困难时期，为了早日渡过困难，福州大学允许各家各户利用家属楼前的空地种点瓜菜。邻居们见卢嘉锡终日繁忙，妻子得了浮肿，孩子

卢嘉锡夫妇与两个儿子

又小，都表示愿意帮忙。卢嘉锡谢绝了大家的好意，让妻子买来锄耙，带着几个大孩子利用周末翻土整垄，种上红薯、玉米、空心菜和豇豆。卢嘉锡偶尔得空，也到菜地里帮着浇浇水，还一再交代孩子们要多向来自农村的邻居阿姨们请教。当妻儿们以劳动果实煮成卢嘉锡喜爱的红薯粥端上饭桌时，他非常高兴，还借用华侨领袖陈嘉庚一生节俭、三餐红薯粥加酱菜的故事，风趣地说：看，你们还是很能干的嘛，我们现在和“校主”（厦大人对陈嘉庚的尊称）一样了。

卢嘉锡献身我国的科学教育事业。他培育英才，桃李满天下；潜心科研，成就誉满中外。在家里，小女儿卢紫莼称他“是慈祥的父亲，是出色的‘教书匠’（他喜欢这么称呼自己），是一位吃住从不讲究、做事却极为认真的男人，是不善于料理家务、却很关爱妻子的丈夫”。儿子卢象乾说：“我始终想不起他有什么豪言壮语。但他对祖国的忠诚、对事业的执着、对生活的乐观、对所有人的真爱，却在一言一行中教育了我们。”这就是儿女眼中的父亲，好家风润物细无声，渗入儿女心田。

家风评述

卢嘉锡忠诚于祖国和人民的事业，一生为发展祖国的科学教育事业呕心沥血。他的子女们受其言传身教的榜样力量濡染，老老实实做人，踏实敬业做事，都在自己的岗位上做出了贡献，成为对社会有用的人才。

项南

不要人夸颜色好，只留清气满乾坤

项南是一位领改革开放风气之先的风云人物。他谋大局，高瞻远瞩；理政事，勤政爱民。他家的风气民主开放，母亲坚强柔韧，自己勤俭清廉，夫妇同心。古语云：修身，齐家，治国，平天下。以小见大，见微知著，从他对自己、对家人的一言一行，我们就可以窥见这位改革先锋的风采，了解项家的家风。

项南（1918—1997年），原名项德崇，福建连城人。项南早年从事抗日宣传工作，后辗转到达苏北抗日根据地。中华人民共和国成立后，他曾任青年团安徽省委书记、青年团华东工委第二副书记、团中央书记处书记等职。1980年，项南任中共福建省委常务书记，1982年任中共福建省委第一书记兼福建省军区第一政委。他是政绩卓著的改革先行者，更是将我国扶贫事业推上新台阶的实干家。

项南与家人合影

项南的父亲项与年是闽西最早的共产党员之一，母亲早年参加革命坐过牢，叔叔在“白色恐怖”中壮烈牺牲。正如习仲勋赞誉的，这个家庭“满门忠烈”。 生于闽西的客家人项南从小就接受马列主义教育，血液里有“硬颈”基因。政治上他继承了父辈爱国、果决、勇于革新的传统，生活中他勤俭节约，艰苦朴素，夫妇同心，家庭和谐，可谓楷模。

勤俭持家

项南是一个顾家的人，就算他工作忙碌，日理万机，也能抽出时间陪陪孩子，理理家事。项南的女儿项小米说，我们看其他干部子女谈起自己父母，往往都是说他们如何埋头苦干、顾不上家里之类的。父亲好像不是这样的，而是个持家能手。我们家里的事情大部分都是他在管，家里的钱在哪，户口本在哪，什么小东西在哪，他记得清清楚楚。他还特别能节约俭用。

有报道称，项南家卫生间里用的手纸是马粪纸。马粪纸的原料是稻草和麦秸等，因为成品粗糙，连普通人家也已经不使用了，岂能在省委书记家出现？有人在报纸上看到了这篇报道，很是疑惑，于是向项小米

项南夫妇和子女回家乡与亲人合影

求证。项小米的回答却更让人吃惊："马粪纸绝对是我们家最好的手纸，是父亲专门放在客人的卫生间为客人准备的。"是一种什么样的精神，让他仍然保持着艰苦朴素的作风啊！

项南的孙子项志南对爷爷的"小气"记忆犹新。小时候，一天晚上，他看到卫生间门敞开着，灯光亮着，还有窸窸窣窣的声音，就疑惑地走进去一看，是爷爷在里面，不知道在鼓捣什么。"爷爷，您这是在干吗呢？"他问道。

项南回答："我在归整这些肥皂片儿。很多肥皂用到最后又小又薄不方便，丢了浪费，把它们都捏在一起又能用了。"归整肥皂片儿，很多老人会做这个事儿，他们过惯了苦日子，如今生活幸福了，也见不得一丝一毫的浪费。时任福建省委书记的项南，物质条件应该不会匮乏，他却像一个普通老百姓一样，珍惜一点一滴。

多年过去了，项志南谈起这件事依然感动如初。

日子该过还是一样地过

项南的母亲叫王村玉，在她九十七年的沧桑人生中，经历了晚清、民国和中华人民共和国的风风雨雨，但她却以一个母亲的柔弱坚韧，庇护着项南的成长以及一个家族的幸福和睦。

项小米回忆：奶奶是一个非常坚强的人。"文化大革命"中父亲被抓走，我们当时还小，哭成一团，奶奶就说："有什么好哭的，日子该过还是一样地过。"她一滴眼泪都没有流。

项南与母亲合影

母亲性格中的善良刚强与为人的宽厚，对项南人格形成影响至深；她的勤劳、节俭，也影响了项南的一生。

父母的坚强柔韧，子女的孝顺体贴，是最好的“亲情墙”，将惊险阻挡在门外，将平安幸福带到身边，让子女茁壮成长，让父母颐养天年，其乐融融。

夫妇同心，复办华南女子文理学院

项南是一个思想活络的人，没有条条框框，敢于革新。他的家人深受他的开放思想的影响，尤其是他的妻子汪志馨，也有着开拓创新的意识，成为他事业上的好帮手。

福州华南女子文理学院是一所教会创办、具有相当影响力的学校。后来停办了。从这里毕业的学生们分布世界各地，他们都有复办学校的愿望。但在人们的思想还被紧紧束缚的年代，何其不易！

华南女子文理学院的老校友余宝笙找到项南，提出复办请求。项南马上让他准备一个详细的办学方案，先向省文教办和高教厅汇报。

方案里提出，随着改革开放程度的加深，需要的人才将会越来越多。华南女子文理学院旨在提高学生的素质，从当时最需要的人才入手，创办四个专业：经济特区实用英语、服装设计、儿童教育与咨询、营养与食品科学。

时任职于文教办的汪志馨听了汇报以后，非常激动。敏锐的她觉察到这个计划很不错，正是福建所需要的。教育是成才之基，这所在历史上华光闪耀的学校，在新的气候下也应重放光芒了。项南一向是改革先锋，福建也是中央赋予“特殊政策，灵活措施”的改革前沿。项南在各种场合都大力宣传要抓好科技和教育，要增加投入，培养和爱惜人才。在这一方面，汪志馨在自己的岗位上一向是积极配合的。

回到家里，汪志馨马上就向项南汇报。项南听了也很欣赏：“省委提出以智取胜，就是要大力发展教育，特别是职业教育。她们从妇女的角度提出创办事业，很有思想，想法很好，应当大力支持。”

实践证明，华南女子学院的复办，效果是非常好的。改革开放的关键在人才。大力发展教育，是一项长远而惠及万民的事业。我们不得不佩服项南和汪志馨的独到眼光与高瞻远瞩。项南夫妇同心协力，积极践行省委提出的“以智取胜”的理念，支持改革开放事业，这可算是项南家的独特家风了。

家风评述

项南通达透亮，对革命事业兢兢业业，在家孝顺母亲、教育儿女，勤俭持家。家是人生的港湾，只有后方稳固，家庭成员才能竭力向前冲而无后顾之忧。不管是高官，还是平民，明白了这个道理，他才会是一个好父亲、好丈夫、好儿子，家庭才会和睦，社会才会和谐。

谢希德

至乐莫如读书，至要莫如教子

她顽强乐观，生病卧床四年，凭借顽强的毅力，战胜了病魔；她积极进取，以读书为毕生乐趣，无时无刻不在吸收知识；她开明宽容，耕耘杏坛，培养学生无数；她严格而民主，教育儿子注重学识与动手能力并重。兼容并包，容纳东西，正是这种民主而宽厚的家风，滋养了谢家几代子孙。

谢希德（1921—2000年），福建泉州人，我国著名的固体物理学家、教育家、社会活动家，为中国高等教育事业的发展、物理学科研机构的建立与发展等做出了突出的贡献。1951年，谢希德获麻省理工学院博士学位。1952年回国后，谢希德长期任教于复旦大学，历任现代物理研究所所长、副校长、校长等职，为培养我国固体物理专门人才贡献了力量。1989年，她当选为第三世界科学院院士。

家学影响，钟情读书

1921年3月19日，福建省泉州市的谢家诞生了一位女婴。作为父亲，谢玉铭自然是欣喜的，他给这名女婴取名谢希德。

谢玉铭受过良好的教育，在北通州协和大学（燕京大学前身）学过物理学，英语能力也不错，学问基础扎实。为了教学、研究之便利，他弄了一个像样的书房。这里，成了谢希德成长的地方。

谢希德是天生的“读书种子”，像她父亲一样，对学问、知识充满了渴望。她的一生，就是在追求学问、探寻真理中度过的。“学习”二字，对她来说，就是生命的重要体验。她从学习中获益良多，也愿意让自己的孩子爱上学习。

很小的时候，她就喜欢待在父亲的书房里。书柜中一排排的书，让谢希德怀着尊敬，感到奇妙。她经常拿着书，这本看看，那本翻翻，久而久之，谢希德的水平越来越有长进。她跟书接触久了，也就对书有着独特的情感。哪本书放在哪里，她也知道。有一次，她父亲出远门，在外地给家里人发来一份电报。当时电报需要收件人自己翻译出来，所以有的家庭要在自己家里准备一本专门的册子以为译报之用。此时，谢玉铭的电报也需要译出来，但大家却找不到小册子了。还是孩童的谢希德在一大堆书中准确地找了出来。家中长辈对这娃娃称赞有加。

读书是治我疾病的良方

年龄渐长，谢希德对读书的兴趣也日增。初二时，她到北京，在贝满女中就读。这是一所名校，但同学中已罕有人可以追上谢希德的水平了。当时，如果有老师提出比较难的问题，谢希德就是大家的期待了。她懂得多，对问题有独到见解，长久下来，谢希德都不知道自己为同学们解过多少围了。

但17岁时，谢希德却不幸患上了股关节结核病。在当时，这种疾病还不可治愈，患病轻者长时间卧床，重者导致瘫痪。通行疗法就是在患者腿上打上石膏，让病菌坏死。谢希德于是绑上石膏，在床上躺了四年。

谢希德与家人合影

四年时间何其长也！没有坚强的意志，常人必不可承受。谢希德却淡然处之，她的求学之心一直支撑着她。在这段时间里，她没有放下书。她读什么呢？英文。一本英文字典，让她看了又看，背了又背。多少年后，谢希德成了一位国际大家，这当然部分得益于她的英语能力。然而，又有多少人知道，她的英语基础是这样打下的。

她的母亲劝其多休息，少看书。但谢希德却总说："读书是我最大的兴趣，只有读书可以使我忘掉病痛，使我的生活充实。读书是治我疾病的良方。”语言非常朴实，但道理却很深刻。知识、求学，这才是谢希德的期望。曹天钦（谢希德的丈夫）第一次写信给她时，她很乐观地谈到了未来，毫无消沉之气。她还说到了学习英文的一些心得，并显露了鹰击长空的锐气。

谢希德亲切、随和，没有校长的架子。图为她在复旦大学和进行体育锻炼的学生合影

这么乐观的人，这么坚强的人，天不负也！在病床上躺了四年后，她终归站起来了。她还是一个“行走”着的人，在人生路上行走，在知识道路上行走。

1942年，谢希德考上了厦门大学。她的经历比别人曲折，但也因为如此，她更懂得机会之难得。她早上五点半就起床，开始学习，上午到课堂上课，下午在实验室做实验。后来，她到了美国名校麻省理工学院，

谢希德任校长期间，促成美国前总统里根访问复旦大学

依然保持着这个习惯。她用自己的勤奋，换来了一顶博士帽子。

严格教子，动脑动手

1956年，在35岁时，谢希德生下儿子曹惟正。即使工作繁忙，她也没放松对儿子的教育。儿子也曾因为贪玩挨过打，但他更多的是得到妈妈温言细语的引导。

到了60年代，谢希德没有课可以上了。但她没闲下来，一有机会，她就亲自教育儿子。对儿子，谢希德很严格。她自己就是一个不断追求知识的人，一个热爱读书的人，也因此希望儿子能够做有学识的人。这种学识，不必是高深的知识，也可以是平常的动手能力。曹惟正记得，有一次，母亲外出回来，从包里拿出一套单管半导体收音机的组装零件，指导儿子学装收音机。曹惟正的动手能力，再加上“理论专家”的辅助，收音机很快就装好了。最开始是单管收音机，以后他们更装成了四管和八管收音机。两人都很高兴。

“爸爸妈妈即使在‘文化大革命’中挨批斗审查，也不愿停止学术上的追求。只要还有一点自由，他们就会在周末跑到外文书店去买书。妈妈在半导体物理方面的思考和研究一直没有停止过，我想这也是她在恢复工作之际很快就跟上世界前沿的原因吧。”

谢希德让儿子知道，求学、求识是可以时时处处进行的，一个人需要不断地学习，更好地成长。

家风评述

“读书是我最大的兴趣”，母亲的这句话，让曹惟正获得了精神的力量。古语有云，“诗书继世长”，谢希德对知识的孜孜以求，薪火相传。

陈景润

尊重个性，引领成长

作为当代著名的数学家，陈景润成就非凡。作为一名父亲，他的做法值得现代家长深思和借鉴：他尊重孩子个性，认为文艺家、政治家、科学家都靠个性的发展才获得成功；他精心呵护孩子的好奇心和求知欲；他用信心、决心和恒心鼓励孩子上进。

陈景润（1933—1996年），福建福州人。当代数学家，中国科学院院士。主要研究解析数论，1966年发表《表大偶数为一个素数及一个不超过两个素数的乘积之和》（简称“1+2”），对“哥德巴赫猜想”研究做出重大贡献。

1965年，陈景润证明了哥德巴赫猜想中的“1+2”，论文于1966年发表；1972年，他完成了对“1+2”证明的修改；1973年，他发表了“1+2”的详细证明过程并改进了1966年宣布的数值结果，在国际数学界引起轰动，被誉为筛法理论的光辉顶点——这就是数学家陈景润的成就。他的成就曾给中华大地带来一股科学的春风，他坚韧不拔、刻苦治学的精神曾经鼓舞了整整一代人奋起向科学进军。对于他的成就，改革开放总设计师邓小平曾经这样意味深长地告诉人们：像陈景润这样的科学家，“中国有一千个就了不得”。

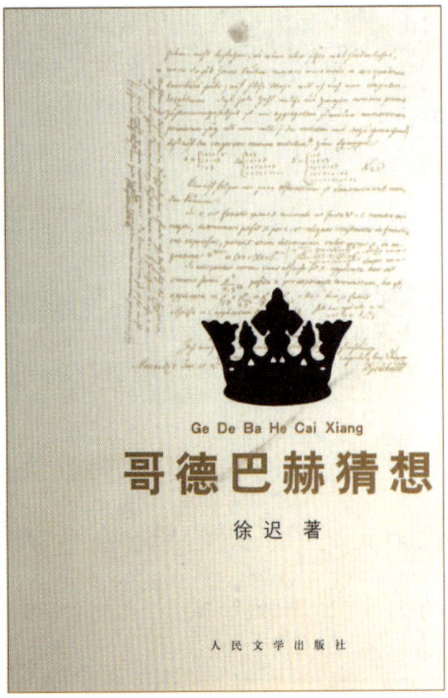

徐迟所著《哥德巴赫猜想》

出生于福州胪雷的陈景润并不是天才，他的成就完全来自对数学的热爱、顽强的毅力、超人的勤奋和一丝不苟的精

陈景润与儿子陈由伟

神。他一生只有两大嗜好：数学和外语。外语除了作为他研究数学及与人交流必不可少的工具外，对他似乎还有一点精神消遣的作用。其余的一切，他都淡然处之。对于洗衣机、冰箱、彩电等现代生活的必需品，他从来就没有多少兴趣。他曾经对他的学生这样谈及他对机器的看法：做数学最重要的是有好的想法，光有机器没有好的想法是不行的。这也许正是他在极端艰苦的条件下完全依靠大脑和双手取得巨大成就的原因。

陈景润的孩子叫陈由伟，高中毕业后到加拿大读国际商贸专业。背负着父亲的名声和期待，陈由伟大学二年级转学数学，现从事应用数学的研究。从不多的资料和陈由伟的叙述中，我们可以感受到陈景润对孩子的呵护、关爱与期待。陈由伟曾写道：有关父亲“生”的一切，终止在我14岁那年的春天。他告别，然后以另外一种方式，和我们生活在一起。

少时：尊重其个性

和所有的父亲一样，陈景润疼爱孩子。陈景润一生都在和时间赛跑，平均每天只睡四小时。但是，他会每天都挤出时间陪儿子玩。他顺着孩子的天性，从不阻止其淘气，让他发展自己的个性。他认为，孩子有个性才能成才，文艺家、政治家、科学家都靠个性的发展才获得成功。他也从不阻止孩子在家里的墙上乱涂乱画，认为那是孩子在动脑筋；他呵护孩子的好奇心，鼓励孩子做“研究”，拆卸计算器和各种玩具，他说：“孩子有好奇心是件好事。他能拆开玩具证明他有求知欲望，能研究问题，当父母的要支持他才对。” 多年后谈起父亲，陈由伟说，在别人眼里，陈景润是中国科学院院士，享誉世界的数学家，可在他眼里，爸爸只是一个能够容忍他淘气的人。

学习：有期待不强求

作为一名在数学领域卓有成就的人，陈景润并没有因为自己的成就而绑架孩子的成长。子承父业是陈景润的最大愿望，儿子还没出生他就和妻子由昆商量，若是生儿子就随他学数学。儿子才几个月大，小拳头总是攥得紧紧的，他硬是将儿子的小手掰开，把一支铅笔放在他的小手里，要教儿子学写字了。孩子还不到两岁，他就在家里教英语。桌椅、糖果什么的，都贴上字。儿子渐渐长大了，他又把教育重心转移到数学能力的培养。陈由伟上小学五年级时，陈景润又给他报了华罗庚数学班。可是那时的他虽然可以解答所有的数学加分难题，但因为对数学不感兴趣，经常在简单题上栽跟头。几堂课过后，他退出了数学班。对于这件事陈景润并没有像别的家长那样大发雷霆，在陈景润眼里，孩子有自己的想法，应该顺着他；没有人可以打造他，除了他自己。

陈景润对孩子的尊重除了不勉强外，还一直鼓励孩子发展自己的爱好。虽然他并不了解音乐，但当他发现年幼的儿子对小号感兴趣时，他依然热心地鼓励儿子去学自己喜欢的东西，他表态说：“只要欢欢（陈由伟小名）乐意，我没意见。”陈由伟于是报名参加了中央音乐学院的小号班，学吹小号。陈景润就是这样了解并尊重儿子的天赋和个性特点，躬身实践着自己对儿子的教育理念：让孩子自由自在地成长，使他的思维方法更具有个性。

志向：引领成长，发现价值

陈景润一辈子奋斗在自己的兴趣和追求上，不停歇，不气馁，经年累月，孜孜以求。虽然陈景润陪伴孩子成长的时间只有14年，但正如陈由伟自己所说，父亲“以另外一种方式，和我们生活在一起”。在父亲的影响和教育下，陈由伟有个性，有头脑，独立性强，做事很有计划性。在选择自己的人生志向时，一开始他选择到加拿大多伦多攻读国际商贸。然而一年后，身负使命感的他，为了完成父亲未竟的事业，主动转到了应用数学系。他说，父亲的最大心愿是让他学数学，他想圆父亲的梦。

从商贸转到数学领域，并不是件容易的事，但他认定：“我是陈景润的儿子，这是事实；父亲是一个有建树，也有遗憾的数学家，我有义务完成他未竟的事业。转学数学，没有太多的考虑，一切都很自然。”在不断的学习中，他迷上了数学，也才终于真正读懂了父亲一生何以对数学那样痴迷。他说：“数学领域精彩纷呈，难怪父亲如此热爱。”尽管探索数学未知领域的道路很艰难，但他说：“在这个时代，青年人身上背负着很重的强国使命，其实不单单这个时代，可以说这个使命是代代相传的。我的价值，就在于传承着父辈的事业和精神。”

家风评述

陈景润是大学者，但在儿子眼里，他就是位善解人意的父亲、拼搏的父亲、坚忍的父亲，是方向，是大树。对照陈景润的教子方法，我们今天有必要反省一下作为父母所做的那些扼杀孩子创造力的做法：对孩子的涂鸦等调皮行为总是大动肝火，动辄训斥、打骂；明明自己就是个凡人，可非要让孩子考100分；迷信权威却不因人而异，不因材施教。作为父母，可以拼尽全力给孩子提供最好的成长环境，但更重要的是不能以“一切都为你好”为借口，不尊重孩子的爱好和追求！

廖俊波

爱人者，人恒爱之

习近平总书记指出，廖俊波同志任职期间，牢记党的嘱托，尽心尽责，带领当地干部群众扑下身子、苦干实干，以实际行动体现了对党忠诚、心系群众、忘我工作、无私奉献的优秀品质，无愧于“全国优秀县委书记”的称号。广大党员、干部要向廖俊波同志学习，不忘初心、扎实工作、廉洁奉公，身体力行把党的方针政策落实到基层和群众中去，真心实意为人民造福。

廖俊波（1968—2017年），福建浦城人，1990年8月参加工作，1992年7月加入中国共产党，生前系福建省南平市委常委、副市长、武夷新区党工委书记，历任邵武市拿口镇镇长、党委书记，邵武市副市长，政和县委书记，南平市副市长等职务。2015年荣获“全国优秀县委书记”称号。2017年3月18日晚，廖俊波同志在赶往武夷新区主持召开会议途中不幸发生车祸，因公殉职，年仅49岁。

2014年廖俊波下乡调研

作为一名“一线总指挥”，长期以来他扑下身子，卷起裤腿跑田坎，穿上雨鞋走泥路，工作在一线，生活在一线，调查在一线。他说：“能够当一个领头人，让23万政和百姓过上更好的生活，这是一件美妙的事情。”

作为一名领导，他知人用人，一线培养、一线考察、一线使用，给平台、练成就。2011年以来，全县向重点一线选派干部230多名，这些干部在参与重大项目的同时，个人素质也得到了进一步提升。2011年6月至2016年3月提拔使用的128名干部，有七成来自重大项目、重点工作和基层一线。他说："就像女儿大了不能留，好干部要赶快推荐、提拔出去。"

作为一名基层工作人员，一年到头，他几乎天天工作到深夜，掀"灶头"看疾苦，下"地头"寻富路。三年时间，贫困落后的政和县进入福建省县域经济发展十佳，累计减贫3万多人。他说："这分数应该由老百姓去打，但我始终在积累，始终走在路上。"

作为家庭一员，他长期离家，虽不能知疼着热，但一定在心里留着家人的位置。他对妻子、孩子说："有我在，你们就不怕了。"

他就是全国优秀县委书记廖俊波。

承父辈教训，他是一个好领导

自立、顽强、本分、崇善，是廖家一脉相承的上善家风。工作闲暇，廖俊波和身边工作人员谈起，自己从小跟外婆长大，善良，是老人家通过言传身教留给自己的宝贵财富。而身为小学老师的母亲，则教会了他自立、顽强和本分。

2015年廖俊波在铁山镇东涧花卉基地与农民交谈

一次，廖俊波和时任政和县委办主任的叶金星讨论信访工作时，谈起自己的父亲当年在乡镇工作，多年来处理的信访问题无数，每次父亲都能深入了解矛盾症结，妥善解决问题。在父亲身上，他看到、学到了老一辈基层干部的韧劲和用心。

正是本着爱和善，本着父辈的韧劲和用心，廖俊波为人民做好每一件小事，为人民解决好每一个燃眉之急。

政和县石屯镇石圳村，如今是远近闻名的美丽乡村、白茶小圳。很难想象在四年前，这里还是一个出了名的“垃圾村”，村里的河沟淤积了近三十年的垃圾无人清理，年轻人都外出打工，除了本村留守的老人儿童，外村人都不愿踏进村里。

廖俊波当县委书记后，听说石圳村的十个妇女成立了村巾帼理事会义务清理垃圾，专程到村里走访。他鼓励她们不仅要整理卫生，还要恢复村容村貌，申报“美丽乡村”，想办法搞旅游项目。巾帼理事会会长袁云机记得，那时每个月廖俊波都要到村里来三四趟，问她最近有什么想法，遇到什么困难，有没有需要他帮助解决的。“赚钱的事你们来干，不赚钱的事让我们来干”，廖俊波常把这句话挂在嘴上。在他的帮助下，水、电、桥、路灯等基础设施逐步完善，石圳村发生了脱胎换骨的变化。

也正是这份韧劲和用心，在政和主政期间，建设了政和历史上的诸多“第一”：第一个红绿灯、第一个停车场、第一个市民广场、第一条绿道、第一个城市综合体……

体贴暖心，他是家庭爱的纽带

家永远是爱的港湾。廖俊波有个幸福的家庭，妻子在南平一所中学执教多年，女儿在名牌大学读书。廖俊波非常珍惜在家的时光，他会抢着做家务、陪孩子。他爱学习，主动掌握新鲜事物，缩小与女儿之间的代沟，像朋友一样跟她平等交流。他帮助女儿制订学习计划，分享读书体会。在女儿廖质琪眼里，他是个好爸爸。

廖俊波与家人合影

“我们仨有一个家庭微信群，平时我和妈妈都会在群里时不时发言，有什么觉得有意思的链接都往群里发，有什么想说的话都会在群里说。虽然爸爸很少发言，有时几天也不说一句话，但我知道他只要有空，就会‘爬楼’仔细看每条消息。”

同事们都知道，女儿是廖俊波的骄傲。廖俊波的手机屏保画面，是女儿的照片。武夷新区纪工委书记张梓全几次跟他一起上工地，他都主动说起自己的女儿：“我女儿对我真好，早上给我煎了两个蛋，蒸了地瓜，好吃。”“我女儿会提醒我运动。”“我女儿会给我捶背。”……

因为工作关系，廖俊波在家待的时间有限，但在妻子林莉眼里，他是一个暖心的丈夫。“他幽默、温柔，就算我生气，也会被他轻松化解。他总有办法对我的付出表示感激，让我觉得满足、值得。”忆起丈夫，林莉忘不了，每年她的生日，哪怕再忙，廖俊波也会备一份生日礼物，给她一个惊喜。叶金星记得，有一年恰逢林莉生日，廖俊波开了一天的会，回到市里已是晚上10点多钟，他急匆匆往回赶，趁着家附近的花店没关门，买了一大束鲜花，还手把手教店主如何配花束。“我记得很清楚，那天他很兴奋地发现店里有蓝色的满天星，他要求店主在红玫瑰、白百合周围围了一大圈蓝色的满天星。当天他到家都已经快11点了，他像个小孩一样兴奋地拿着花就冲了回去。第二天早上5点，他又和我们一起去机场赶飞机，路上还得意地炫耀，说夫人收到礼物很开心。”

2009年暑假，林莉和女儿去桂林旅游，返程时是周末，到达南平已是凌晨3点多钟。母女俩刚从车上下来，眼尖的女儿突然发现公交站路灯下爸爸的身影。原来，廖俊波当天恰巧从浦城回到南平，他细心地记起她们回程的时间，在家煮好稀饭、炒好小菜，前来“接驾”。廖俊波对她们说：“你们怕黑，有我在，你们就不怕了。”

难得与父母在一起时，廖俊波会在厨房帮母亲做饭，陪父亲下下棋聊聊天。每年，他都坚持给父母买一套衣服、添一双鞋子。他跟林莉说：“我工作忙，家里你费心了，逢年过节，别忘了给咱爸妈买东西、发信息。”而父母却宽慰他：“组织信任你，你把工作做好了，不辜负组织就是孝。”为了不给儿子添麻烦，老人不顾水土不服、气候不适，选择住在北京的女儿家。

家风评述

廖俊波让他工作过的一个个地方旧貌换新颜，所以大家都说他是县委书记的楷模、百姓心中的丰碑；他让家充满温馨、爱与阳光，事虽小而平凡，蕴含责任与担当。见微知著，见贤思齐，社会、家庭赋予我们的每一个角色、身份，背后都有一份相应的责任、追求。

后记

家庭是人生的第一个课堂，父母是孩子的第一任老师。无论是父母对子女说的心里话、家常话，还是长者对家人、族人的耳提面命，都是基于血缘和亲情关系的关爱之心、护佑之情，也是每个人、每个家庭所能接受的最直接、最持久的教育。好的家庭教育、好的家风可以增进家庭和睦、邻里友好，可以促进社会和谐、国家昌盛。

福建历史上有较多好家风的典范，尤其是以名臣硕儒、思想大家、民族英雄、爱国华侨、科技精英、知名学者、优秀共产党员为代表的卓越人物，他们所秉承的好家风，值得八闽儿女继承和弘扬。为此，我们精选39位福建历代名人，按人物出生时间顺序编排，以故事形式，介绍这些名人身上所承载的优秀家风。故事题材有的来源于传记、档案，有的取材于书信、实物，有的来自族谱、家乘，还有的凭借口述和采访。摘其英华，表其精粹。

本书由连天雄担任主编，参加编写的人员有：连天雄、苏少伟、姚春玲、康银宝、郑翠云、卢锃、张明明、陈稚瑶、韩腾飞、姜洁、连志强、徐一鸣、袁博、张启强、肖方进。此外，南安市纪委组织人员编写了叶飞的家风，在此表示衷心感谢！感谢复旦大学党委宣传部、南平市委宣传部新闻出版科、林语堂纪念馆、冰心文学馆等单位以及余道业、李绍清、谢聿枫、陈发来、邓泽春、曾长旺、卢葛覃、李俊杰等同志为本书提供珍贵的历史图片。

由于编写时间仓促，资料有限，再加上采访工作难度较大，编选家风故事十分不易。很多篇章数易其稿，仍有不足之处，敬请读者批评指正。

本书编写组